全国农民教育培训规划教材

鹅健康养殖实用技术

李海英　苏战强　主编

中国农业出版社
农村设物出版社
北　京

编写人员名单

主　编　李海英　苏战强

副主编　赵晓钰　吴盈萍

参　编（按姓氏笔画排序）

丁雅文　古丽娜·巴克　唐碧徽

曹　妍　蒋　腾

前言

养鹅业因其良好的生态效益、经济效益和社会效益而逐渐成为一种朝阳产业。近年来，鹅的养殖正成为广大农村养殖致富的热门项目，是当前农村极具活力的经济增长点。

虽然越来越多的人开始养鹅，但因缺乏养鹅的科技知识和社会化服务措施，养鹅条件差、雏鹅质量低、鹅发病伤亡严重、饲养成本高的现象仍然存在。加上目前养鹅组织化程度低，缺乏完整的产业链条，导致商品鹅不能适时出栏上市，给养鹅户造成很大困难和损失。针对目前养鹅业的蓬勃发展以及对科学、健康养鹅技术的迫切性需求，我们组织相关人员编写了《鹅健康养殖实用技术》，供广大读者参考。

本书围绕鹅健康养殖技术，详细介绍了鹅场的规划与建设、鹅的品种、鹅的选种和配种技术、鹅蛋的孵化、鹅的营养与饲料、鹅饲养管理技术规范、环境卫生与防疫、鹅常见病的防治、鹅场生产与经营和鹅的屠宰及贮藏等内容。文字通俗易懂，注重实用性、科学性、先进性，对提高养鹅效益具有现实指导意义。本书可供广大养鹅户、基层技术人员参考学习，也适合农林院校相关专业研究者参考。

由于编者水平有限，书中难免有不妥之处，敬请广大读者批评指正。

编　者

2021年12月

目 录

第一章

鹅场的规划与建设

一、鹅场的规划

（一）鹅场的选址

1. 自然条件 鹅场应选择地势高燥平缓且开阔的地方，最好能向水面倾斜5°～10°，地下水位应在建筑场地基0.5米以下，且向阳背风利于排水；选择光线充足的向阳面，拥有良好的通风条件。在河流和湖泊旁建场时，应选在比当地历年水位线高2米以上的地方。对于常发洪水的地区，鹅舍须建于洪水水位线以上；对于山区，则应选择在半山腰建场。

2. 社区条件 鹅场要远离学校、居民区及有污染物的地区，周围5千米内不得有其他禽类养殖场和畜禽交易市场；不能建在禽类屠宰厂、加工厂和化工厂的下风向；要选择交通便利的地区，保证货物与饲料原料等的正常运输；确保常年供电。

3. 种鹅场要求 种鹅场还要保证电源稳定，水源充足，水质良好；种鹅场周围要有丰盛的水草，具有放牧条件，能满足种鹅的要求；除以上条件外，种鹅保种场应符合种鹅原有的生活习性与文化内涵。

（二）鹅场的布局

鹅场应设置场前区、辅助生产区、生产区及隔离区，各区之间严格隔离。

1. 场前区 包括办公室、资料室、会议室、职工食堂、宿舍及其他生活服务设施和场所等，应设置在鹅场上风向和地势较高的地方。

2. 辅助生产区 包括供水、供电、饲草料库、青贮窖、水泵房、锅炉房和配电室等，应设在地势较高处。

3. 生产区 包括各类鹅舍等生产性建筑，每个入口处应设置人员消毒室、更衣室和车辆消毒池。

4. 隔离区 主要包括粪污贮存与处理设施、病死鹅处理室、兽医室和隔离鹅舍。应在生产区外围下风向、地势低处，与生产区保持100米以上的间距。

（三）鹅舍及配套场所的建筑要求

1. 卫生设计要求 鹅舍地面和墙壁的建筑设计要便于清洗，能够耐酸、碱消毒液。鹅舍内的地面应采用水泥或红砖进行铺设，并要有适当的坡度向排污沟倾斜。

2. 长度与高度 鹅舍的长度要控制在100米以内，并将其内部隔成近似正方形的小隔间，便于鹅在圈舍内的正常活动。为促进粪污的排出，舍内地面要比舍外地面高出10～20厘米。

3. 设置晾羽场 晾羽场应布局在种鹅舍与泳池之间，作为种鹅喂料、梳理羽毛和白天小憩的场所。晾羽场的面积要大于鹅舍一倍以上。晾羽场的地面要平整，以泥土或砖地为佳，并略向泳池倾斜，与水面接触处要用水泥沙砾做成25°～30°的缓坡，坡面要低于枯水期的最低水位。

4. 设置泳池 泳池是种鹅水上运动和繁殖配种的场所。泳池的面积按每100只鹅30～40米^{2}计算。每小间鹅舍、晾羽场和泳池组成一个小单元，用围栏隔开。围栏的陆地部分高度为1米，水面部分高出水面50厘米。围栏在水下要深入水底，避免鹅在水底发生串群现象。泳池的深度0.5～0.8米，用水泥砌成，排水口要设置一个沉淀井，排水时把泥沙粪便沉淀下来，防止发生堵塞。

5. 防寒与隔热要求 种鹅舍要有良好的防寒和隔热性能，舍内分隔成若干个圈舍，每个圈舍的大小可根据饲养规模和家系繁育的需要进行设计。种鹅舍檐高1.8～2.0米，采光系数1：（12～15）。

（四）鹅舍的防疫要求

按照《中华人民共和国动物防疫法》及其配套法规的各项规定实施（图1-1）。采用全进全出制饲养，即同一鹅舍饲养同一批鹅，采用统一饲料、统一免疫程序、统一管理措施，同时出栏，出栏后对鹅舍整体环境实行彻底打扫、清洗及消毒，封闭空舍至少两周。同一养鹅场不能饲养其他禽类，防止鼠和鸟类进入。外来人员不得随意进出生产区。特定情况下，参观人员在采取严格的消毒措施后方可进入。工作人员要求身体健康，无人畜共患病。

图 1-1　日常卫生防疫

（五）饮用水水质标准

饮用水水质标准应符合《无公害食品 畜禽饮用水水质》（NY 5027—2008）要求。

（六）鹅舍空气环境质量标准

空气环境质量标准应符合《畜禽场环境质量标准》（NY/T 388—1999）要求。

（七）废弃物处理原则

（1）鹅场废弃物的处理通常实行资源化、减量化和无害化原则。鹅场废弃物经无害化处理后不得作为其他动物的饲料。

（2）使用垫料进行饲养的鹅场，可在出栏后一次性清理垫料。若饲养过程中使用的垫料过湿，应及时清理更换。清理出的垫料和粪便在固定地点进行堆积发酵（堆粪场应为混凝土结构，并设有遮雨顶棚），后期可作为农业用肥。

（3）废弃的兽药、疫苗以及使用过的疫苗瓶应做无害化处理，并做好相应的记录。

二、鹅舍的类型与建设

（一）育雏舍

育雏舍要求采光条件好，温暖，干燥，保温性能良好，空气流通无强风，电力供应稳定，便于安装保温设备。规模化养鹅场最好同时建设网上育雏舍和地面育雏舍。

1. 网上育雏舍 网上育雏舍一般用来饲养7～14日龄内的雏鹅，房舍檐高一般为2.0～2.5米，舍内设置天花板以增加育雏舍的保温性能。窗与地面面积之比一般为1：（10～15），南窗离地面60～70厘米，设置气窗，便于空气调节；北窗面积应为南窗的1/3～1/2，离地1米左右。所有窗户与下水道通外口要安装铁丝网，防止遭受兽害。网床一般用铁网或塑料网制成，长度×宽度＝5.5米×1.5米，网面离地高度50～60厘米，周围用高45厘米的铁网或塑料网制作围栏。每张网床再分隔成5～6个小格，每小格一般育雏15～20只，可以提高雏鹅的成活率和均匀度。每张网床上安装3只250瓦的红外线灯，红外线灯距离网面高度60厘米为宜，周围再用塑料膜将红外线灯及网床罩住，即可育雏。

2. 地面育雏舍 地面育雏舍一般用来饲养14～28日龄的雏鹅，舍内可分成若干个单独的育雏间，每小间面积15～20米^2，每间可容纳30日龄以下的雏鹅90～120只。地面用水泥硬化，方便对圈舍进行清洗消毒；在放置饮水器的地方铺设排水沟，并盖上漏缝板。雏鹅饮水时溅出的水可漏到排水沟中排出，确保室内干燥。

（二）种鹅舍

种鹅舍一般由三部分组成：鹅舍、陆地运动场和水面运动场。鹅舍舍檐高

1.8～2.0米。鹅舍内的地面用砖或水泥铺设，便于清洁和消毒。舍内地面比舍外地面高10～15厘米，以保证干燥。舍内设置产蛋窝，可以用竹竿或水泥板围起来，高度为60厘米，地面铺上厚软的稻草或干锯末。

运动场包括陆地和水面运动场，舍内面积、陆地运动场、水面运动场的比例一般为1∶4∶1.5。水面运动场水深30～50厘米，陆地至水面应有适宜的坡度。陆地运动场应设置遮阳装置，也可以种植冬季落叶树。

（三）商品鹅舍

1. 舍内网床式鹅舍 舍内网床可采用竹篾加塑料网的形式，竹篾离地面0.6米。将舍内网床分隔成若干小间，每小间饲养150～200只商品鹅较为合适。舍内网床下底面可采用斜坡，便于粪便收集。

2. 地面平养式鹅舍 一般采用砖木结构，直接在地面饲养。要每日清扫，勤换垫草，以保持舍内干燥，还要特别考虑夏季散热的问题。可在前后墙设置上下两排窗户，下排窗户下缘距地面约30厘米。冬季可将窗户封严，起到保暖作用。

（四）反季节种鹅舍

反季节种鹅舍能对舍内和运动场的遮阳设施进行人工调节。舍内要有能够补充人工光照的照明系统，要有良好的通风系统，保证高温季节的降温。有条件的养殖场最好修建封闭式鹅舍，并安装水帘、通风系统和光照系统等设施，实现对光照、温度等环境条件的人工调节和控制。

三、鹅场配套设施

（一）孵化厅

孵化厅应距离鹅舍150米以上，避免鹅舍中的病原微生物横向传播。孵化厅应具有良好的保温性能，对其外墙和地面进行保温设计。孵化厅应配备通风换气设备，使二氧化碳的含量低于0.01%。地面应采用水泥硬化，便于消毒，并略微向一边倾斜，同时应铺设排水沟渠，便于排水。

（二）饲料加工与贮藏室

养鹅场一般需要配制饲料加工室和贮藏室等基础设施。①饲料加工室：鹅场所用的饲料一般是自行配制的，一方面可以节约饲养成本，另一方面能够保证饲料的质量。一般饲料加工需要粉碎机、搅拌机、制粒机等设备。②饲料贮藏室：饲料贮藏室应做到防水、防潮、防鼠和防鸟，建在具有一定高度的位置，定期检查房顶是否有漏水的现象；饲料摆放时要注意底部中空，留有空气流通的风口，通风口处应安装钢丝网防鼠；窗户不宜过大，应安装钢丝网防鸟。

四、养鹅设备及用具

（一）育雏装置及加温方法

1. 层架式网上育雏装置 主要由主体框架、育雏网垫、承粪板和侧面挡板组成。主体框架采用木质或钢制材料，育雏网垫采用硬质塑料网或钢丝网，网孔直径为1厘米。

2. 育雏加温方法 包括热水管、热风炉等加温方法。

（二）喂料及饮水装置

1. 喂料装置 包括饲料盘、饲料槽、料桶或塑料布。饲料盘和塑料布多用于雏鹅开食，饲料盘一般采用浅料盘，塑料布的反光性要强，以便于雏鹅发现食物。各阶段的雏鹅都可使用饲料槽或料桶，饲料槽应底宽上窄，防止造成饲料浪费。

2. 饮水装置 主要有饮水器和水槽。饮水器有长流水式、真空塔式、自动饮水器等多种类型，生产中也可用瓦盆、塑料盘、塑料槽等代替饮水器。

（三）其他设备及用具

1. 碎草机 用于各种青草的粉碎。

2. 搬运工具 主要有竹筐、纸箱和塑料箱，多用于对鹅的转移。

3. 高压清洗机 用于清洗各类鹅舍、孵化室及其他养鹅用具。

第二章 鹅的品种

一、鹅的品种分类

（一）按体型大小分类

根据鹅的体重大小，可以将鹅的品种分为小型鹅种、中型鹅种和大型鹅种（表2-1）。小型鹅种的公鹅体重一般为3.7～5.0千克，母鹅为3.1～4.0千克，如太湖鹅、豁眼鹅、乌鬃鹅、伊犁鹅等。中型鹅种的公鹅体重为5.1～6.5千克，母鹅为4.4～5.5千克，如浙东白鹅、皖西白鹅、雁鹅、钢鹅、溆浦鹅、四川白鹅、扬州鹅、天府肉鹅等。大型鹅种的公鹅体重为10～12千克，母鹅为6～10千克，如狮头鹅等。

表2-1 按体型大小分类鹅种

类别	划分标准	鹅种举例
小型鹅种	公鹅体重为3.7～5.0千克 母鹅为3.1～4.0千克	太湖鹅、豁眼鹅、乌鬃鹅、伊犁鹅等
中型鹅种	公鹅体重为5.1～6.5千克 母鹅为4.4～5.5千克	浙东白鹅、皖西白鹅、雁鹅、钢鹅、溆浦鹅、四川白鹅、扬州鹅、天府肉鹅
大型鹅种	公鹅体重为10～12千克 母鹅为6～10千克	狮头鹅等

（二）按羽毛颜色分类

根据鹅的羽毛颜色可分为灰色和白色两大类（表2-2），其中羽毛颜色为灰色的鹅有狮头鹅、雁鹅、乌鬃鹅、钢鹅、马岗鹅、阳江鹅等，羽毛颜色为白色的鹅有太湖鹅、豁眼鹅、皖西白鹅、浙东白鹅、四川白鹅、天府肉鹅、扬州鹅等。

表 2-2　按羽毛颜色分类鹅种

类别	鹅种举例
灰色	狮头鹅、雁鹅、乌鬃鹅、钢鹅、马岗鹅、阳江鹅等
白色	太湖鹅、豁眼鹅、皖西白鹅、浙东白鹅、四川白鹅、天府肉鹅、扬州鹅等

（三）按经济用途分类

鹅按经济用途可以分为肥肝用鹅和肉用鹅（表 2-3），肥肝用鹅如溆浦鹅、狮头鹅等，肉用鹅如浙东白鹅、四川白鹅、莱茵鹅、狮头鹅、溆浦鹅、天府肉鹅、扬州鹅、乌鬃鹅、太湖鹅、豁眼鹅、皖西白鹅、马岗鹅、阳江鹅等。

表 2-3　按经济用途分类鹅种

生产用途	鹅种举例
肥肝	溆浦鹅、狮头鹅等
肉用	浙东白鹅、四川白鹅、莱茵鹅、狮头鹅、溆浦鹅、天府肉鹅、扬州鹅、乌鬃鹅、太湖鹅、豁眼鹅、皖西白鹅、马岗鹅、阳江鹅等

二、鹅的主要品种

（一）小型鹅种

1. 太湖鹅　产自江苏（图 2-1），全身白羽，羽绒洁白，绒质较好，成年鹅背部和腹部羽毛含绒量为 21.4%。喙、胫、蹼均为橙黄色，颈细长、无咽袋。公鹅体型稍大，肉瘤大而突出；母鹅腹部下垂，大部分有腹褶。成年公鹅平均体重为 3.8～4.0 千克，成年母鹅平均体重为 2.8～3.6 千克。舍饲条件下，70 日龄时公母鹅平均体重可达到 2.7 千克。太湖鹅母鹅的开产日龄在 180～200 天，年产蛋量在 60 枚左右，平均蛋重为 135～142 克。公、母配种比例为 1：（6～7），种蛋受精率 88%～92%。母鹅就巢率小于 2%，就巢性表现几乎没有。

扫码看彩图

图 2-1　太湖鹅（引自《中国畜禽遗传资源志：家禽志》）

2. 豁眼鹅　产自山东（图 2-2），属于小型肉用鹅种。体型小，颈细长、呈弓形，体躯呈椭圆形，背部平宽，胸部突出。全身为白羽。头部中等大小，肉瘤呈黄色，喙呈橘黄色，有咽袋。公鹅头颈粗大，肉瘤突出，前躯挺拔高抬。母鹅前躯细致紧凑，羽毛紧贴，腹部丰满、略微下垂，偶有腹褶。成年公鹅的平均体重 4.3～4.7 千克，成年母鹅的平均体重 3.6～4.0 千克。70 日龄的公母鹅平均体重可达到 3.1 千克。平均开产日龄为 217 天，平均年产蛋量为 80～120 枚，平均蛋重 125 克。公、母配种比例为 1∶（6～7），受精率 90%。母鹅就巢率 5%。成年鹅经 21 天人工填饲，平均肥肝重 195.2 克。成年鹅羽毛含绒质量较佳，一次性屠宰后取毛，公鹅纯绒为 54 克，毛片 140 克；母鹅纯绒为 60 克，毛片 136 克。

扫码看彩图

图 2-2　豁眼鹅（引自《中国畜禽遗传资源志：家禽志》）

生活习性及场址选择

孵化

雏鹅饲养

种鹅饲养

青年及成年期饲养

豁眼鹅饲养管理

3. 乌鬃鹅 产自广东（图 2-3），身体结构紧凑，体躯宽短，背部较平。喙和肉瘤呈黑色。成年鹅有一条由宽渐窄的鬃状黑色羽毛带，贯穿自头部至颈背基部，颈部两侧的羽毛为白色。胫和蹼呈黑色，公鹅的肉瘤较为发达，向前突出。母鹅颈部较细，尾羽呈扇形。成年公鹅平均体重为 3.2～3.7 千克，成年母鹅平均体重为 2.8～3.1 千克。70 日龄公母鹅平均体重可达 2.5～2.7 千克。平均开产日龄在 140 天左右，年产蛋量为 30～35 枚，平均蛋重 147 克。公、母配种比例为 1∶（8～10），受精率 89.9%，孵化率 93.7%。

扫码看彩图

图 2-3 乌鬃鹅（引自《中国畜禽遗传资源志：家禽志》）

4. 伊犁鹅 主要产自位于新疆北疆西部的伊犁谷地和塔城盆地（图 2-4），伊犁鹅头上没有肉瘤突起，颌下无咽袋，颈短粗，翅膀较长，其中公鹅 73 厘米、母鹅 62 厘米。羽色有灰、白和灰白花三种，其中灰色居多，占鹅群 70% 左右。灰鹅的头、颈、腰为灰褐色，胸、腹、尾下为灰白色，并杂以暗褐色小斑，喙基周围有一条狭窄的白色羽环；翼、肩、腿为灰褐色，并具棕白色边缘，如叠瓦状，尾羽灰褐色。灰白花鹅头、背、翼为灰色，其他部位为白色，尤其颈肩部出现白色羽环最为常见。白鹅全身羽毛为白色，眼睛虹彩为蓝灰色，喙、胫、趾、蹼的色素为橘黄色，皮肤为白色。雏鹅绒羽上体黄褐色，体侧黄色，下体深黄色，眼灰黑色，喙黄褐色，喙豆黄白色，胫、趾、蹼橘红色。伊犁鹅繁殖的季节性很强，是完全长日照繁殖型家禽。伊犁鹅的性成熟期约为 10 个月，在当年的 2—3 月伊犁鹅交配，公、母鹅配比通常为 1∶（2～4）。母鹅每年抱窝一次，孵化期为 30～31 天。但由于伊犁鹅的产蛋期不长，总产蛋量较少，呈现很强的就巢性。伊犁鹅拥有 30 多年的寿命，可利用年限较久。3 岁龄以上的公鹅配种能力最强，公鹅多养至 6～7 岁龄；母鹅 3 岁龄以上者为好，产蛋多，孵育力强，以 6～7 岁龄更换为宜。

扫码看彩图

图 2－4　伊犁鹅（引自《中国畜禽遗传资源志：家禽志》）

（二）中型鹅种

1. 浙东白鹅　产自浙江（图 2－5），体型中等偏大，体躯呈长方形，全身为白色羽毛。颈部细长，喙、胫、蹼幼年时呈橘黄色，有肉瘤，无咽袋。成年公鹅体型高大雄伟，肉瘤高突，耸立头顶，鸣声洪亮。成年母鹅肉瘤较低，性情温顺，鸣声低沉，腹部宽大下垂。成年公鹅平均体重 5.3～6.6 千克，成年母鹅平均体重 4.3～5.2 千克。63 日龄公母鹅平均体重可达到 4.36 千克。母鹅的开产日龄一般在 150～160 天，平均年产蛋量为 28～40 枚，平均蛋重 160 克。公、母配种比例为 1∶（8～10），受精率 80%以上。

扫码看彩图

图 2-5 浙东白鹅（引自《中国畜禽遗传资源志：家禽志》）

2. 皖西白鹅 产自安徽（图 2-6），体型中等，体态高昂，细致紧凑，全身为白色羽毛。颈长，呈弓形，胸深广，背平宽，肉瘤圆而光滑、无皱褶、呈橘黄色。喙呈橘黄色，喙端色较浅。胫和蹼呈橘黄色。公鹅肉瘤大而突出，颈部粗长有力。母鹅颈部细短，腹部轻微下垂。成年公鹅平均体重 6.0～7.5 千克，成年母鹅平均体重 5.5～7.0 千克。60 日龄公母鹅平均体重 3.0～3.5 千克。母鹅平均开产日龄在 185～210 天，平均年产蛋量 22～25 枚，平均蛋重 140～170 克。公、母配种比例为 1∶（4～5），受精率 85%～92%，受精蛋孵化率 78%～86%。母鹅就巢性强，就巢率 99%。皖西白鹅以绒毛的绒朵大而著名，拥有较好的产绒性能，平均每只鹅可产羽绒 349 克，其中纯绒 40～50 克。

扫码看彩图

图 2-6 皖西白鹅（引自《中国畜禽遗传资源志：家禽志》）

3. 雁鹅 产自安徽（图 2－7），体型较大，有灰褐色或深褐色的羽毛。肉瘤呈黑色，喙扁阔呈黑色。胫、蹼呈橘黄色。公鹅体型较大，肉瘤突出。母鹅颈部较长，肉瘤较小，有腹褶。成年公鹅平均体重 6.02 千克，成年母鹅平均体重 4.7 千克。在舍饲条件下，70 日龄公母鹅的体重可达 4～5 千克。母鹅的平均开产日龄在 240～270 天，平均年产蛋量 22～25 枚，平均蛋重 150 克。公、母配种比例为 1∶5，种蛋的受精率在 85%以上，受精蛋孵化率 85%～90%。母鹅就巢性较强，一般年就巢 2～3 次。

扫码看彩图

图 2－7 雁鹅（引自《中国畜禽遗传资源志：家禽志》）

4. 钢鹅 又名铁甲鹅，产自四川（图 2－8），体型较大，颈部呈弓形，体躯向前抬起，喙呈黑色。从鹅的头顶部起直到颈的基部，有一条由宽逐渐变窄的深褐色鬃状羽带。胫呈橘黄色，趾黑色。公鹅前额肉瘤呈黑色且比较发达，前胸圆大。母鹅肉瘤扁平，腹部圆大，腹褶不明显。成年公鹅平均体重 4.9～

扫码看彩图

图 2－8 钢鹅（引自《中国畜禽遗传资源志：家禽志》）

5.6 千克，成年母鹅平均体重 4.6～5.3 千克。60 日龄公母鹅平均体重 3.6 千克。母鹅的开产日龄一般在 180～200 天，年平均产蛋量 34～45 枚，平均蛋重 157.3～189.0 克。公、母配种比例为 1∶（3～4），种蛋受精率 83.7%，受精蛋孵化率 85%～98%。母鹅的就巢性很强。

5. 溆浦鹅 产自湖南（图 2-9），体型高大呈船形。以白、灰两种颜色的羽毛为主。灰鹅背、尾和颈部的羽毛为灰褐色，腹部呈白色，胫和蹼呈橘黄色，喙呈黑色。白鹅全身为白色羽毛，喙、肉瘤、胫和蹼都呈橘黄色。公鹅头颈高昂，叫声清脆、洪亮，有极强的护群性。母鹅体型稍小，性情温顺，觅食力强，产蛋期间后躯丰满，呈椭圆形，腹部下垂，有腹褶。成年公鹅平均体重 4.8～5.8 千克，成年母鹅平均体重 4.9～5.7 千克。60 日龄公母鹅平均体重达到 3.2 千克。母鹅平均开产日龄在 180～240 天，年产蛋量 30 枚左右，平均蛋重 212.5 克。公、母配种比例为 1∶（3～5），种蛋受精率 90%～91%，受精蛋孵化率 98%～99%。母鹅就巢率 98%～99%。具有良好的肥肝生产性能，肥肝品质较好。经人工强制填饲试验测定，在鹅体重 5 千克时开始填饲 2～4 周，平均肥肝重达 606 克。

扫码看彩图

图 2-9 溆浦鹅（引自《中国畜禽遗传资源志：家禽志》）

鹅舍建造

孵化

雏鹅饲养

种鹅饲养

青年鹅饲养

育肥鹅饲养

日常管理

溆浦鹅饲养管理

6. 四川白鹅 产自四川省及重庆市（图 2-10），体型中等，全身羽毛紧密洁白。喙、胫、蹼呈橘黄色。成年公鹅体型稍大，头颈较粗，体躯较长，额部有一个呈半圆形的肉瘤。成年母鹅头清秀，颈细长，肉瘤明显。成年公鹅平均体重 5.3～5.7 千克，成年母鹅平均体重 4.7～5.1 千克。70 日龄公母鹅平均体重可达到 3.3 千克。母鹅平均开产日龄在 200～240 天，年产蛋量 60～80 枚，平均蛋重 146.3 克。公、母配种比例为 1∶（4～5），受精率 88%～90%，受精蛋孵化率 90%～94%。母鹅一般无就巢性。四川白鹅绒羽品质优良，利用种鹅休产期可拔毛两次，产毛绒 157.4 克。

扫码看彩图

图 2-10　四川白鹅（引自《中国畜禽遗传资源志：家禽志》）

7. 天府肉鹅 产自四川（图 2-11），母系母鹅体型中等，全身白色羽毛，喙呈橘黄色，头清秀，颈细长，额上肉瘤不明显。父系公鹅体型中等偏大，额上无肉瘤，颈粗短，成年时全身白羽。父母代公鹅成年体重 4.8～5.3 千克，父母代母鹅 3.5～4.0 千克。商品代公母鹅 70 日龄平均体重 3.7 千克。父母代母鹅开产日龄在 200～210 天，舍饲初产年产蛋量 85～90 枚，平均蛋重 141.3 克，受精率 88%以上。父母代公鹅 17 周龄平均羽绒重 40.1 克，父母代母鹅 17 周龄平均羽绒重 32.4 克。

扫码看彩图

图 2－11 天府肉鹅（引自《中国畜禽遗传资源志：家禽志》）

（三）大型鹅种

狮头鹅产自广东（图 2－12），体躯呈方形，头大颈粗，全身背面、前胸羽毛及翼羽均为棕褐色。前额肉瘤发达，向前突出，覆盖于喙上。喙短而质坚实，呈黑色。颌下咽袋发达。胫粗蹼宽，胫和蹼均呈橘黄色，有黑斑。公鹅前额肉瘤极其发达。母鹅前额肉瘤相对较小。成年公鹅平均体重 8.6～10.5 千克，成年母鹅平均体重 6.9～8.9 千克。70 日龄公鹅体重可达 6.4 千克，母鹅体重可达 5.8 千克。母鹅平均开产日龄在 235 天，平均年产蛋量 26～29 枚，平均蛋重 212 克。公、母配种比例为 1∶（3～4），种蛋受精率 85％，受精蛋孵化率 88.2％。母鹅就巢性强，每产完一期蛋就巢一次。肥肝平均重 538 克，最大肥肝重 1400 克。灰羽鹅的羽绒质量不及白羽鹅，70 日龄公母鹅烫煺毛产量平均每只 300 克。

扫码看彩图

图 2－12 狮头鹅（引自《中国畜禽遗传资源志：家禽志》）

鹅的选种和配种技术

一、繁殖特点

1. 季节性 鹅的繁殖能力具有很强的季节性特征，大多数情况在温度偏高、日照时间长的6—8月进入休产期。每年的12月到翌年2—3月是种鹅理想的留种时间。近年来，一些鹅场为了实现种鹅的反季节繁殖，采用了控制光照、温度等环境条件和调整留种时间及人工强制换羽等办法，并取得了成功。每年的8—9月是反季节繁殖种鹅理想的留种时间。

2. 择偶性 鹅具有较强的择偶性，与其他家禽相比，在某些品种中表现更为明显。因此尽早组群在小群饲养时是必要的，可提高受精率。

3. 就巢性 就巢性是多数鹅品种的特征，在一个繁殖周期内，每产一窝蛋（8～12个），就要停产抱窝。在集约化、规模化养殖过程中，采取醒抱措施，可以增加种鹅的产蛋量。

4. 性成熟晚 鹅的性成熟比其他家禽迟，一般中小型鹅种出生后7个月左右达到性成熟。同时由于不同类型鹅种体型大小差异较大，鹅种的性成熟期也出现了差异。小型鹅的性成熟期一般为5个月，中型鹅的性成熟期一般为7个月，大型鹅的性成熟期一般为9个月。

二、鹅的选种

（一）雏鹅的选择

一般在雏鹅出壳后一周内，选取体质健壮，体重适合，行动活泼，眼睛灵活有神，躯体长而宽，腹部柔软、有弹性，绒毛粗、干燥、有光泽，叫声洪亮有力的雏鹅。凡是绒毛太细、太少、潮湿甚至相互黏着、没有光泽的，发育不良、体质差的，不宜选用。剔除瞎眼、歪头、跛腿、大肚脐的雏鹅，眼睛无神、行走不稳的雏鹅不选用。

（二）育成鹅的选择

一般在鹅育成期70～80日龄，根据羽毛颜色、生长发育速度、品种特征进行选择。鹅外貌、羽色应符合本品种特征；体重应符合本品种标准。选择发育良好而匀称、体质健壮、骨骼结实、反应灵敏、活泼好动的鹅，及时淘汰羽色异常、偏头、垂翅、翻翅、歪尾、瘤腿和体重弱小的不合格个体。

1. 70～80日龄育成公鹅要求

①体型壮，体质强，发育均匀，肥度适中。

②头中等大小，眼睛灵活有神，颈粗而长，叫声洪亮有力。

③胸深而宽，背宽而长，腹部平整。

④颈粗壮且有力，两胫间距离宽。

2. 70～80日龄育成母鹅要求

①体型适中，身长而圆，前躯较窄，后躯深。

②头大小适中，眼睛灵活有神，颈细长。

③羽毛紧凑，有光泽。

（三）开产前鹅的选择

依据本品种主要特征，对开产前鹅的外貌特征、生长发育速度进行选择，有条件的鹅场还应该测定鹅的体尺性状，并依此与本品种特点进行比较而选种。

此外，还要注意：

①母鹅鹅体躯各部位发育匀称，体型不粗大，头大小适中，眼睛灵活有神，颈细且长度合适，体躯长而圆、前躯较浅窄、后躯宽而深，双脚健壮且间距较宽，羽毛有光泽、紧密贴身，尾腹宽，尾平直。

②公鹅体质健壮，身躯各部位发育匀称，肥瘦适当，头大脸宽，眼睛灵活有神，嘴长、钝且闭合有力，叫声洪亮，颈长且较粗有力，前躯宽阔、背宽而长、腹部平整，腿长短适中、强壮有力，两脚间距较宽。有肉瘤的品种，肉瘤

必须发育良好而突出，呈现雄性特征。检查公鹅的生殖器官发育效果，若生殖器官发育不健全，不能留作种用。

三、鹅的配种

（一）配种比例

根据鹅的品种和产蛋季节来定公、母鹅比例（表3-1）。公鹅过多，会造成饲料浪费，还会引起相互争斗、争配，影响受精率。公鹅过少，则会影响受精效果。

表3-1　产蛋期适宜的公母比例

类型	公母比例
小型鹅种	1∶（6～7）
中型鹅种	1∶（4～5）
大型鹅种	1∶（3～4）

（二）配种方法

1. 自然交配

（1）大群配种。按公、母配比，在一大群母鹅中放入一定数量的公鹅进行配种。在规模化鹅场多采用这种方法。

（2）小群配种。按配比将一只公鹅与几只母鹅组成小群进行配种，在育种中多采用这种方法。

2. 人工授精

（1）采精前的准备。性成熟前将公、母分开，挑选出合格种公鹅，进行训练；准备好各种采精器具，包括集精杯、输精器、注射器、稀释液、显微镜及其配套器具。

（2）采精。采用背腹式按摩法采精。助手将公鹅保定住，采精员左手由背部向尾部按摩，在坐骨部要稍加用力，并沿腹部柔软部上下按摩数次。当泄殖腔周围肌肉向外突出时，两手有节奏地交替挤压充血突起的泄殖腔。将集精杯置于阴茎下，接取精液。

（3）输精。助手将母鹅捉住保定，尾部朝上，腹部朝向输精者。输精者压下尾羽，翻开泄殖腔输精。

注意：精液采集后一般用稀释液稀释，并在30分钟内完成输精，输精量0.1毫升/只，输精间隔为5天。

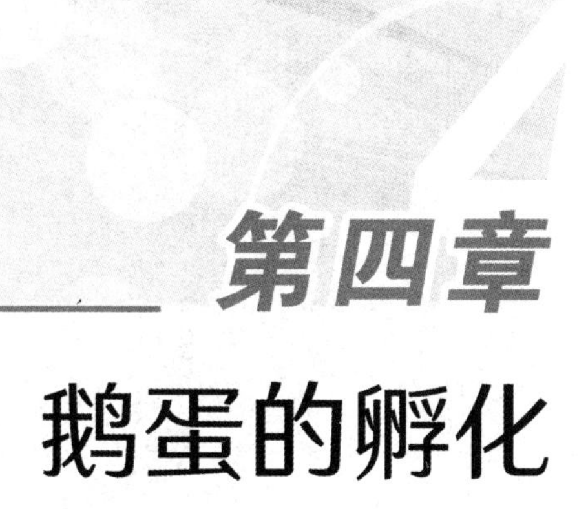

第四章 鹅蛋的孵化

一、种蛋的管理

（一）种蛋的收集

鹅产蛋时间一般较为分散，如种蛋收集不及时，会使破损蛋、脏蛋的比例增加。舍饲饲养的种鹅需要每天集蛋3次。注意事项：

①种鹅开产前，及时将产蛋窝安置好，以降低窝外蛋。

②种鹅开产后，训练其养成回窝产蛋的习惯，并结合抱窝性和产蛋规律，对开关圈门和种蛋收集时间进行合理调节。

③为减少脏蛋，需保持圈舍内垫料干燥。若蛋上有粪污，可用干燥垫料轻轻擦净，切勿水洗。

④常到鹅舍巡视，捡回产在运动场的蛋。发现母鹅有鸣叫不安、行动迟缓的现象时，经触摸后发现腹部有蛋，需及时送回产蛋窝。

（二）种蛋的选择

种蛋的质量不仅制约着孵化率，同时也影响着雏鹅的质量和成活率。因此，在养鹅生产中应严格选择种蛋。

1. 种蛋来源　种鹅的生产性能佳、健康状况好。

2. 外观选择　无粪便等污染；符合本品种特征，剔除双黄蛋和小蛋；卵圆形，剔除细长、短圆、枣核状、腰鼓状的蛋；剔除钢壳、薄壳、沙壳、皱纹、破损蛋。

3. 内在品质　通过照检，剔除气室异位、气室过大和血斑肉斑蛋；通过轻敲鹅蛋，剔除裂纹蛋。

（三）种蛋的消毒

1. 碘液浸泡消毒　将10克或15克碘化钾溶解于1千克沸水中，将种蛋与蛋盘一起放入碘液中浸泡1分钟，水温保持在40℃时处理效果较好。

2. 新洁尔灭消毒 配置0.1%的溶液：取5%的新洁尔灭原液加50倍40℃温水。再用该溶液喷洒或浸泡种蛋，当蛋表面溶液晾干后即可入孵。

3. 聚维酮碘消毒 在3～15℃的温水中加入少量的聚维酮碘消毒液，将种蛋浸泡2～3分钟，并对种蛋进行清洗。需要注意的是，清洗擦拭过程中不可过于用力，以防破坏保护膜。

4. 二氧化氯消毒 配制0.1%的二氧化氯溶液，溶液温度保持在40℃左右。将溶液装入喷雾器或盆中，直接喷洒在种蛋上或将种蛋浸泡，以达到消毒目的，种蛋晾干后入孵。

（四）种蛋的保存

鹅的产蛋量较低，种蛋只有收集到足够数量才能入孵，所以种蛋的妥善保存是保证孵化率的基础。

1. 蛋库要求 隔热保暖，装有温度、湿度和通风等控制装置。

2. 入库要求 消毒后，按场、区、舍、产蛋日期分开排放整齐，并做好入库记录。放置时，将种蛋大头向上。

3. 保存条件 将温度保持在12～18℃，相对湿度保持在75%～80%。鹅蛋贮存时间不宜超过7天，3～5天最佳。

（五）种蛋的包装和运输

塑料蛋托和适于飞机运输的专用纸箱是目前生产中最为常用的种蛋包装工具。运输箱上需要标注“种蛋”“品种/系别”“勿倒置”“防雨”“防震”“防压”等。运输过程中要求平稳运输，冬季注意保温，夏季避免受热，防止日晒雨淋。到达目的地后，尽快开箱检查，将破蛋剔除，尽快入孵。

二、孵化条件控制

（一）温度控制

温度是孵化的一个重要因素，它决定了胚胎的生长和发育。一般鹅胚胎要求适宜温度37～39℃，原则上要求孵化期间温度前高、中平、后低。机器孵化时根据种蛋来源不同可分为恒温孵化和变温孵化。

1. 恒温孵化　孵化机内通常有3～4批种蛋，不同胚龄的蛋在孵化过程中应交错放置（表4-1）。孵化29天，大部分蛋开始啄壳时，转入出雏机，温度控制在36.5℃。

表4-1　不同胚龄鹅蛋的孵化温度

单位：℃

胚龄	孵化室内温度	孵化机内温度
1～28天	23.9～29.4	37.8
出雏	29.4以上	36.5

2. 变温孵化　当种蛋数量来源充足时，可选用变温孵化法，并根据不同胚龄胚胎发育情况变化温度（表4-2）。

表4-2　不同品种鹅蛋的孵化温度

单位：℃

品种	孵化室内温度	孵化机内温度				适宜季节
		1～9天	10～16天	17～22天	23天至出壳	
中、小型鹅种	23.9～29.0	38.1	37.8	37.5	37.2	冬季、早春
		38.1	37.5	37.2	36.9	春季、秋季
	29.0以上	37.8	37.4	37.0	36.7	夏季
大型鹅种	23.9～29.4	37.8	37.4	37.2	36.9	春季、秋季、冬季
	29.4以上	37.8	37.4	37.0	36.7	夏季

（二）湿度控制

孵化期间相对湿度控制见下表：

1. 恒温孵化湿度要求（表4-3）

表4-3 恒温孵化湿度要求

孵化阶段	相对湿度
孵化期	50%～60%
出雏期	65%～70%

2. 变温孵化湿度要求（表4-4）

表4-4 变温孵化湿度要求

孵化天数	相对湿度
1～9天	60%～65%
10～26天	50%～55%
27～31天	65%～70%

（三）通风换气

通风换气的目的是维持孵化机温度均匀，提供氧气，保证胚胎正常发育。孵化早期可以不开或开通气孔，随着胚胎日龄的增长再将气孔逐步加大或全部打开（图4-1）。

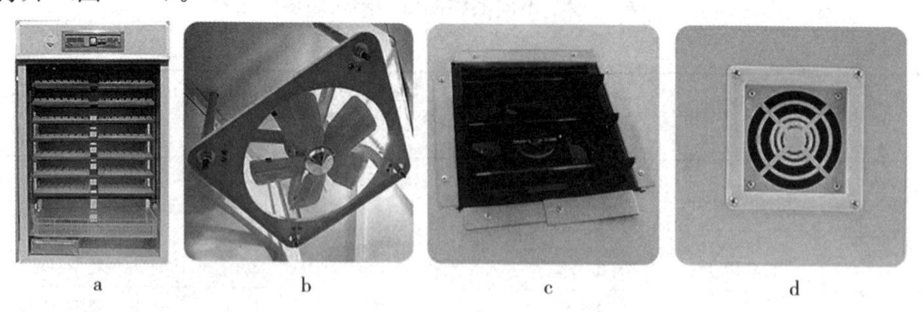

图4-1 孵化室内通风设备

a. 全自动孵化机 b. 热风循环装置 c. 顶置散热口+风机 d. 排风口

（四）翻蛋

为了防止胚胎与蛋壳粘连，应不断翻蛋，使胚胎各部分均匀受热，促进胚胎运动。1～27 天胚龄，翻蛋频率为 2 小时/次，翻蛋角度应与垂直线呈 50°～60°。

（五）凉蛋

鹅蛋孵化初期一般不凉蛋，一般从第 16 天开始凉蛋，以机外凉蛋为主（图 4－2），每天 1～2 次，多则 30～40 分钟，少则 15～20 分钟。凉蛋次数和每天凉蛋时间取决于季节、室温和胚胎发育程度。

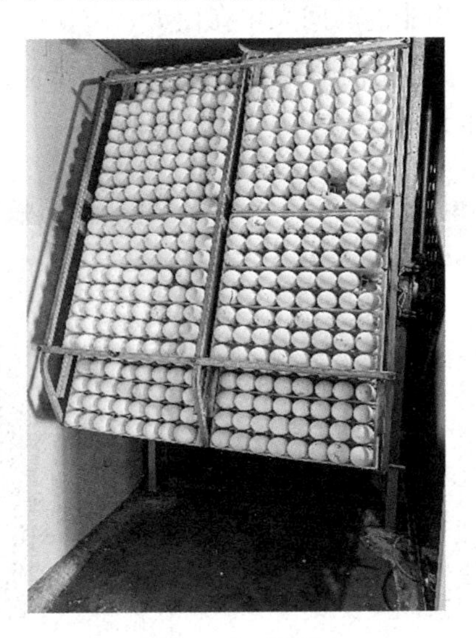

图 4－2　凉蛋

三、孵化流程管理

动物在卵内完成胚胎发育后破壳而出的现象称为孵化。孵化期是指一批卵从开始孵化到全部孵化结束（图 4－3）。

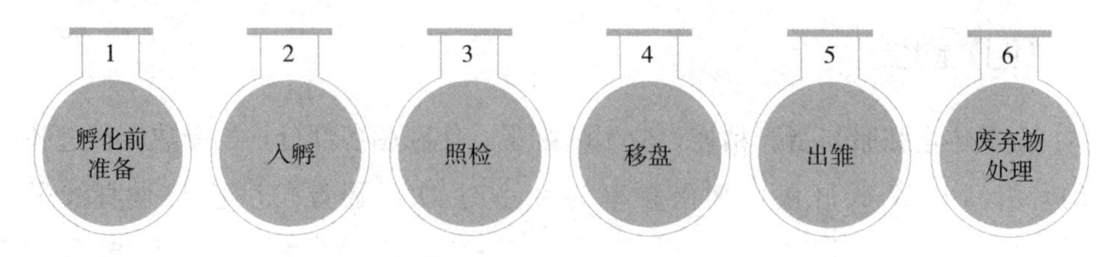

图4-3 孵化流程

（一）孵化前的准备

1. 制订孵化计划 孵化前，根据孵化与出雏能力、种蛋数量以及雏鹅销售等具体情况，制订适宜的孵化计划。可考虑每隔3、5、7天入孵一批。最好在下午4时入孵，这样出雏的时间大多在白天，方便后续工作。

2. 准备孵化用品 孵化前需要准备照蛋器、干湿球温度计、消毒药品、备用电器原件、发电机和表格等（图4-4、图4-5）。

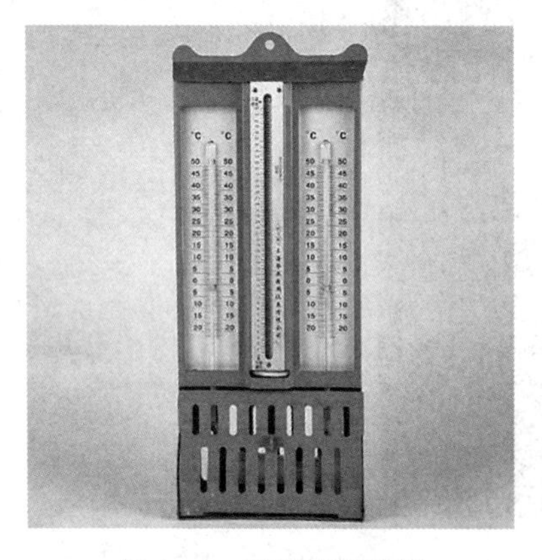

图4-4 干湿球温度计

图4-5 发电机

3. 试机 孵化前对孵化器仪表设备进行校正，并对机器各部件的性能进行检查。检查包括电热装置、风扇、电动机、温度计、控制调节系统和机器的密闭性能等。检查完毕后，可以试机观察有无异常情况，然后将孵化机的温度调试好，待温度稳定后即可入孵。

4. 孵化器具消毒 对孵化机、孵化盘、出雏机等孵化用具（图4-6）进行清洗和消毒。

图 4-6　孵化机和孵化盘

（二）入孵

1. 种蛋预热　在冬季和早春气温较低时，将冷蛋直接放入孵化器内，会导致蛋壳表面凝结水汽，影响孵化效果。入孵前应将种蛋放在 21～24℃下预热 5～7 小时。

2. 码盘　将种蛋码在孵化盘上，并再次剔除不合格种蛋。将鹅蛋平放，不同批次共同孵化时，标明品种、批次、入孵数和入孵时间。

3. 种蛋消毒　入孵前对种蛋进行消毒，有助于减少蛋表面的细菌繁殖（图 4-7）。

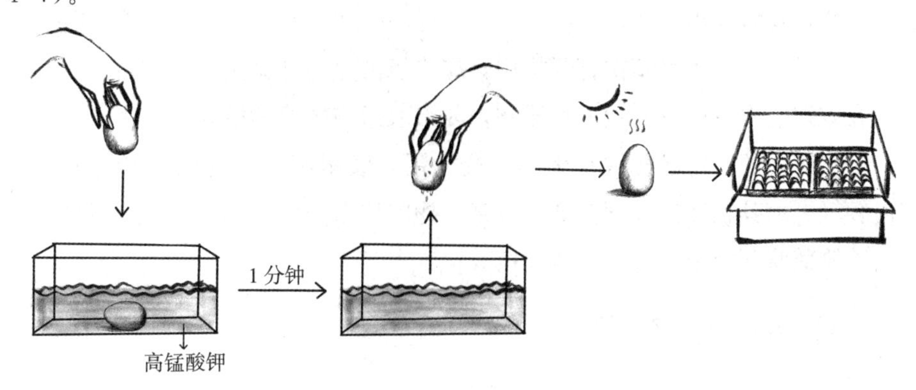

图 4-7　种蛋消毒

4. 孵化机日常管理　入孵后主要观察孵化器内的温度变化和调节器的灵敏度。每2～3小时记录一次温度，若发现温度升高或降低，应及时调整。为保持相对适宜的湿度，应定时加水。

（三）照检

照检可根据表4－5操作。

表4－5　照检流程

照蛋	天数	特征	描述
头照	7～8天	眼黑	观测胚胎发育是否正常，剔除无精蛋、死胚蛋
二照	15～16天	合拢	抽查孵化器中不同点的胚胎发育情况
三照	28天	闪毛	作为掌握移盘时间和控制出雏环境的参考，挑出死胚蛋

（四）移盘

根据三照判断种蛋发育情况，及时开展移盘工作。大部分鹅胚啄壳时开始移盘；提前12小时打开出雏机升温；设定好出雏的温、湿度；移盘动作要标准，做到轻、稳、快；在最上层出雏盘加铁丝网罩，防止已出壳雏鹅窜出。

（五）出雏

①出雏期间，每4～6小时捡雏一次，或每出雏3～4成时捡雏一次，动作要轻、快，及时拣出蛋壳。

②出雏期间，不宜多次打开机门，应将机内照明灯关闭。

③雏鹅捡出后应及时放入育雏室，或采取适当的保温措施。

④出雏后期，对已啄壳但无力出壳、蛋壳膜湿润发白的胚蛋实施人工助产。轻轻剥离其粘连处，把头部、颈部、翅膀拉出壳外，其余部位自行挣扎出壳。若雏鹅脐部尚未愈合，不能助产。

（六）废弃物处理

出雏结束，清理出残留物，并对孵化室、孵化机、出雏机及相关用具进行彻底清洗和消毒。

四、孵化效果的检查和分析

（一）孵化效果的检查

1. 胚胎发育情况检查 根据照检的结果判断胚胎发育情况（图4-8），并对后期孵化条件做相应改进。

（1）头照。通常在胚蛋孵化第7天进行，重点观察有无明显黑眼点以及血管生成和分布情况。正常蛋：可看到明显黑色眼点，血管清晰成放射状，蛋色暗红。无精蛋：看不到血管和胚胎，气室不明显，蛋黄影子隐约可见，蛋内浅黄发亮。死胚蛋：头照可看到黑色血环贴于蛋壳膜，有时可见静止不动的黑点。弱胚蛋：胚体小，血管纤细模糊不清，看不到黑眼点，仅看到有一定数量的纤细血管在气室下缘。

（2）二照（抽检）。一般在孵化第15～16天检测。正常蛋：尿囊绒毛膜合拢且布满血管，气室除外。弱胚蛋：小头未合拢，呈淡白色。死胚蛋：气室显著阔大，边界模糊不清，蛋内没有血管分布，中间有死胚团块，随蛋转动而浮动。

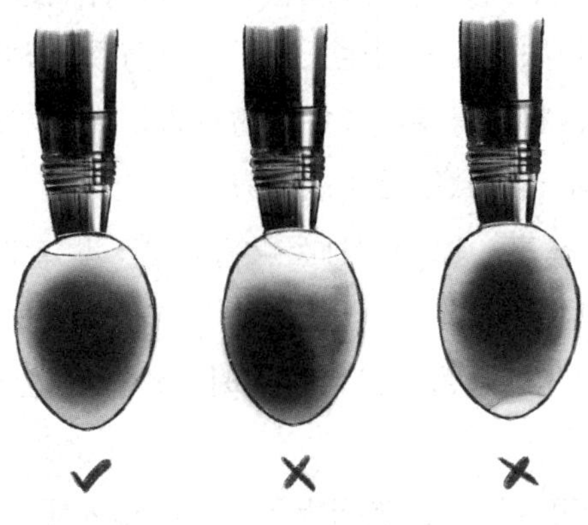

图4-8 照检

（3）三照。在鹅蛋孵化至第27～28天进行，主要查看气室和有无闪毛现象。正常蛋：气室向一侧倾斜，有黑影闪动，胚胎呈暗黑色。弱胚蛋：与正常蛋相比，气室较小，且边缘不齐，可以看到红色血管，胚蛋小头浅白发亮。死胚蛋：气室小且不倾斜，边缘模糊不清，胚胎静止不动。

2. 孵化期间失重情况检查 随着胚龄的逐渐增大，由于水分的蒸发，蛋白和蛋黄营养物质消耗，胚蛋的重量会按一定比例渐渐减轻，通常孵化至第5天时胚蛋减重1.5%～2.0%，第10天减重11.0%～12.5%，出壳时雏鹅的重量占蛋重的62%～65%。在孵化过程中可以抽样称重测定，根据气室大小的变化和后期胚胎的形态，了解和判定相对湿度是否合适。

3. 出雏检查 主要观察绒毛的颜色、整洁度和长短，脐部愈合情况和蛋黄吸收情况，精神状况和体型等。

4. 死胚剖检 首先观察啄壳情况，打开胚蛋，确定死亡时间和胎位是否正常；查看皮肤、绒毛生长、内脏、腹腔、卵黄囊、尿囊等是否存在异常情况，初步判定死亡原因。

（二）孵化效果的分析

孵化中的异常现象以及可能造成的原因：

1. 头照无精蛋比率高 原因：种鹅群中，公鹅的数量过多或过少；种鹅尚未完全成熟；种鹅年龄太大、太胖或患有脚病；种鹅经常受惊吓；配种季节未提供青绿饲料或饲粮缺乏未知的生长因子；繁殖季节的初产蛋；种蛋存储时间过久或运输不当；饲料发霉变质或谷物遭虫害；鹅生殖器官疾病；福尔马林熏蒸过度或种蛋贮存不当导致胚胎未能发育。

2. 头照死胚蛋比率高 原因：种蛋贮存不当，贮存时温度过高；孵化温度控制不规律。

3. 气室过大或过小 原因：气室过大时，孵化时湿度过低；过小时，孵化时湿度过高。

4. 蛋壳内膜有暗斑 原因：蛋壳上脏物或细菌入侵。

5. 入孵7～25天，胚胎死亡率超过5% 原因：饲料成分不当；高度近亲或种鹅染病；孵化温度过高或过低；翻蛋不当；通风不佳，二氧化碳浓度太高。

6. 孵化期间种蛋腐臭 原因：鹅舍垫料潮湿；蛋壳被粪便污染；母鹅生殖道细菌感染。

7. 过早出雏 原因：孵化时温度过高或湿度过低。

8. 延迟出雏 原因：孵化温度过低或湿度过高；孵化时凉蛋时间过长；种蛋贮存时间过长。

9. 啄壳未孵出或未啄壳 原因：孵化时温度过高或过低；孵化最后5天种蛋失温或过热；出雏机湿度过低导致壳膜干化；出雏机通气不畅；鹅胚喙离壳较远，鹅胚头部向腹部弯曲；鹅胚上身受挤压，头部无活动余地；蛋壳过硬或虽啄壳但不破，也有一些鹅胚在孵化时因湿度过高或本身含水很多，造成啄壳时壳破裂但胎膜、蛋膜因具有弹性而未破，导致鹅胚被闷死在壳中。

10. 雏鹅湿黏 原因：孵化或出壳时温度过高或湿度过小。

11. 脐带过大或脱出 原因：温度过高；种蛋过度脱水失重；雏鹅细菌感染。

12. 雏鹅死亡 原因：温度过高或窒息；病原菌感染。

13. 八字腿 原因：出雏盘底部过滑。

14. 雏鹅跛脚 原因：翻蛋不当；凉蛋时间过久；遗传缺陷。

五、孵化文档管理

（一）孵化成绩统计

孵化成绩的记录和计算反映了孵化效果的好坏，为孵化效果的分析提供了基础依据。因此，孵化记录应该做到详尽、准确无误。

1. 孵化成绩统计样表示例（表4-6）

表 4-6　孵化成绩统计样表

______年

入孵日期	批次	品种	数量	受精蛋				无精蛋	死胚蛋				破蛋	出雏总数				种蛋受精率	受精蛋孵化率	入孵蛋孵化率	健雏率
				头照	二照	三照	合计		头照	二照	三照	合计		健雏	弱雏	死雏	合计				
合计																					

2. 孵化成绩计算

种蛋合格率＝合格种蛋数/产蛋总数×100%

种蛋受精率＝受精蛋数/入孵蛋数×100%

受精蛋孵化率＝出雏数/受精蛋数×100%

入孵蛋孵化率＝出雏数/入孵蛋数×100%

健雏率＝健雏数/出雏数×100%

（二）孵化过程记录

在孵化管理过程中，需要对各孵化条件和指标进行详细、准确的记录，便于日常管理和孵化效果分析。主要记录数据如下（表 4-7～表 4-9）：

表 4-7　孵化进程样表

胚龄	机号	入孵时间		二照时间		三照时间		移盘时间		出雏时间
		月	日	月	日	月	日	月	日	

表 4-8　孵化条件记录样表

孵化机号________　批次________　胚龄________天　________年________月________日

时间（时）	孵化室		孵化机				值班人员	备注
	温度（℃）	湿度（%）	温度（℃）	湿度（%）	翻蛋（次）	凉蛋（次）		
0								
2								
4								
6								
8								
10								
12								
14								
16								
18								
20								
22								

表 4-9　孵化温度记录样表

________年　批次________　品种________　孵化机________号

胚龄（天）	孵化机内温度（℃）								室内温度（℃）	值班人员签字				备注
	时间（时）													
	3	6	9	12	15	18	21	24		8：00—16：00	16：00—23：00	23：00—3：00	3：00—8：00	
1														
2														
…														
…														
…														
30														
31														

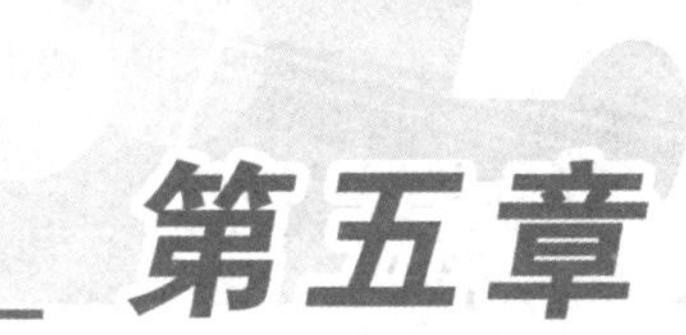

第五章 鹅的营养与饲料

一、鹅的营养需要

规模养殖场可以根据场内的鹅种特点、营养参数来选购或生产满足需求的饲料。本团队结合多年研究与生产经验，推荐以下参考标准（表5-1）。

表5-1 鹅的推荐饲养标准

项目	雏鹅	生长鹅		种鹅产蛋期
	0～4周龄	5～6周龄	7～10周龄	
粗蛋白（%）	20	17	15	16
粗纤维（%）	2.70	2.70	2.62	8.00
钙（%）	0.82	0.61	0.59	2.60
总磷（%）	0.54	0.47	0.46	0.65
赖氨酸（%）	1.04	0.83	0.69	0.84
蛋氨酸（%）	0.43	0.37	0.35	0.33
蛋氨酸+胱氨酸（%）	0.77	0.64	0.59	0.62
代谢能（兆焦/千克）	12.29	12.29	12.57	11.02

二、常用饲料原料

（一）能量饲料

能量饲料指干物质中粗纤维少于18%，粗蛋白质少于20%；淀粉含量高，在动物体中易消化和吸收；具有适口性好、体积小和含水量低等优点。在肉鹅精料中占30%～65%。能量饲料主要有糠麸类、谷实类、部分糟渣和油脂，如玉米、小麦、稻谷和麦麸。

（二）蛋白饲料

蛋白饲料指干物质中粗蛋白质含量等于或高于20%，粗纤维含量低于

18%，体积小，水分含量低，适口性好，易于消化。在肉鹅精料中占10%～30%。常见的原料：豆粕、菜籽粕、蝉蛹粉、酵母粉。

（三）粗纤维饲料

粗纤维饲料也称粗饲料，指天然含水量小于45%，干物质中粗纤维含量为18%，能量值较低的饲料。在复合饲料的生产中，通常使用各种草粉来提供粗纤维，如苜蓿草粉。苜蓿草粉中可消化蛋白含量18%～22%，且含有较为丰富的氨基酸，其维生素含量可达300毫克/千克。该饲料占肉鹅总饲料的10%～15%。

（四）青绿饲料

组成青绿饲料的种类较多，一般水分含量高于60%，含有较为丰富的蛋白质和维生素含量。青绿饲料中未知生长因子含量较高，有较好的适口性。青绿饲料主要有栽培牧草、天然牧草、水生饲料、非淀粉质根茎瓜类、叶菜类、青贮作物等，如白菜、紫草苜蓿、白三叶、黑麦草、苦荬菜、牛皮菜、甜菜、水葫芦等（图5-1）。

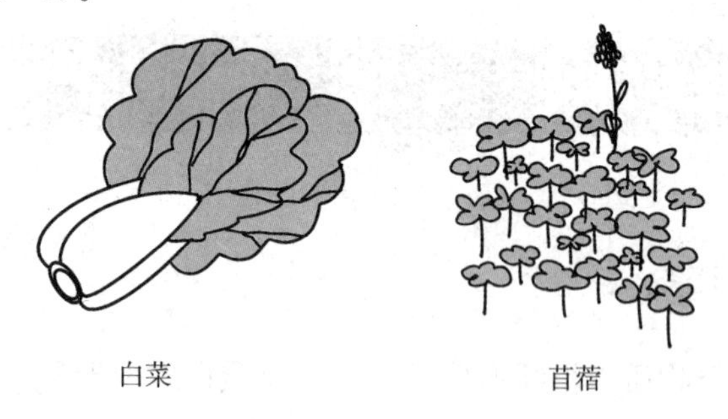

图5-1　青绿饲料

（五）矿物质饲料

矿物质饲料是补充动物矿物质所需的饲料，可分为常量矿物质饲料和天然矿物质饲料等。常量矿物质饲料包括磷源性的磷酸钙、磷酸钾类，钠源性的氯化钠、碳酸氢钠、硫酸钠等，钙源性的石灰石粉、贝壳粉、蛋壳粉、石膏等，以及含硫饲料、含镁饲料等。天然矿物质饲料包括沸石、麦饭石、稀土元素、泥炭等。

（六）添加剂饲料

添加剂饲料具有添加量少但功能性强的特点。在肉鹅精料中添加量一般在4%左右。

①营养添加剂。对饲料所发挥的作用进行补充或强化的一类物质，如各种矿物质、维生素和氨基酸等。

②非营养添加剂。是一种为防止饲料品质劣化、提高饲料适口性、促进动物健康生长和发育等为目的的物质，如抗氧化剂、抗结块剂、防霉剂、驱虫剂、抗生素和着色剂等。

三、饲粮配置

（一）配合饲料特点

配合饲料是指根据动物的生长阶段、生理要求和生产用途等的不同，将多种单一饲料根据一定比例按规定的工艺流程均匀混合，生产出综合营养价值全面、满足动物各种实际需求的饲料。

配合饲料类型及特点（表5－2）：

表5－2　配合饲料类型及特点

配合饲料种类	特点
全价配合饲料	种类齐全，比例平衡，可直接饲喂
混合饲料	种类较齐全，比例较平衡，可直接饲喂，但效果不佳，全价程度取决于配方的设计平衡
浓缩饲料	主要由蛋白质饲料、常量矿物质饲料和预混合饲料构成，不可直接饲喂，一般占全价饲料的20%～40%
预混合饲料	是由一种或多种添加剂饲料与载体或稀释剂搅拌均匀的混合物，不能直接饲喂

（二）饲粮配置原则

1. 经济性和市场性　在考虑经济效益的前提下，注意饲料原料、营养参数、加工流程以及劳动力等因素的平衡，降低饲料成本。产品的目标是市场，在使用前应明确该产品是否适合鹅的生长需求。

2. 科学性　应依据饲养指标所规定的营养物质需求量进行设计，并根据实际情况进行适当调整。注意饲料的质量和口感。

3. 逐级预混　提高微量营养成分在全价饲料中的均匀度。如混合不均匀可能导致生产性能差、均匀度差，饲料利用率低，甚至造成动物的死亡。

4. 安全性和合法性　严格遵守国家法律法规及条例，严把用药质量和安全（图 5－2），特别是违禁药物和对动物及人体有害的物质，坚决不使用。

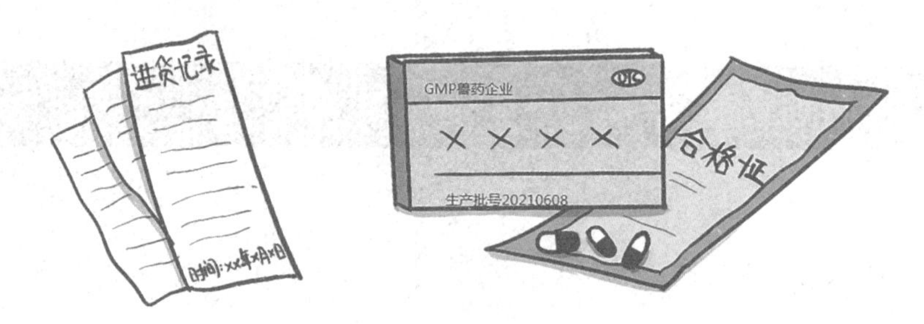

图 5－2　使用合格药品

5. 可信性　配方所选用的饲料原料的种类、质量、价格、数量都应与市场及自身条件相配套。

（三）推荐饲料配方

鹅不同时期的推荐饲料配方参考表 5－3。

表 5－3　鹅的推荐饲料配方

单位：%

饲料	雏鹅	生长鹅		种鹅产蛋期
	0～4 周龄	5～6 周龄	7～10 周龄	
玉米	64	71	74	54

（续）

饲料	雏鹅	生长鹅		种鹅产蛋期
	0～4 周龄	5～6 周龄	7～10 周龄	
豆粕	21	12.5	5	14
鱼粉	1	0	0	—
脱酚棉籽蛋白	5	7.5	10	5
膨化大豆粉	5	3	2	2
玉米胚芽粕	1	3	5	2
豆油	—	—	1	2
石粉	—	—	—	5
苜蓿草粉	—	—	—	13
预混料	3	3	3	3

（四）饲料选购与储存

1. 饲料选购

①选择正规饲料。购买饲料时，注意标签的检查，避免买到劣质、假冒、变质或腐烂的饲料。

②选择合适的饲料。根据鹅的生长阶段和营养需要选择相应的饲料；根据当地饲料原料、条件等选择饲料。

③平衡饲料成本与生产效益。饲料价格应合理，不是越便宜越好；考虑饲料的价格与鹅所需营养之间的平衡。

2. 饲料储存 饲料成品应在干燥、通风的地方进行储存；成品与地面之间用木垫或铁垫隔开，与地面的距离保持 20 厘米左右；成品应堆放整齐，做好标识；定期查看饲料成品的储存是否妥当。

鹅饲养管理技术规范

不同时期的鹅饲养管理的要点不同，应掌握鹅在不同饲养阶段的生理特性，以提高生产效率。鹅生产周期分为：育雏期、育肥期或育成期、产蛋期和休产期。

一、鹅育雏期培育及饲养管理

（一）雏鹅的生理特点

1. 体温调节 雏鹅体温调节功能弱，个体小，绒毛稀少，保温性能差，惧冷；随着日龄增长体温调节机能逐渐增强。

2. 消化机能 雏鹅消化机能有待进一步发育，消化道短，容积小，消化能力弱。

3. 生长发育 雏鹅生长发育快，代谢旺盛，小型鹅种 20 日龄体重是初生体重的 6～7 倍，中型鹅种 20 日龄体重是初生体重的 9～10 倍，大型鹅种 20 日龄体重是初生体重的 11～12 倍；具有体温高，呼吸快等特点。

4. 抵抗力 雏鹅抵抗力差，免疫系统发育尚不完全，容易感染各种疾病。

（二）雏鹅的分群

1. 分群原则 出壳日龄，个体大小，体质强弱。

2. 群体大小 小群以每群 50～60 只为宜；大群以每群 100～150 只为宜。

3. 分群时间 一般在 7、15、20 日龄进行；应对生长性能较差的雏鹅饲喂较多的精料和优质草料，同时细心护理，促进其生长发育，提高育雏率。

4. 分群注意事项 经常进行逐群检查，防止出现雏鹅堆叠的现象，造成压死、压伤事故；及时挑出病雏鹅，并进行隔离治疗；饲养过程中注意将体质弱小的个体与群体及时分开，加强饲养管理。

（三）雏鹅的性别鉴定

雏鹅性别鉴定主要有翻肛法、捏肛法和顶肛法。

1. 翻肛法 将雏鹅握于左手掌中，用左手的中指和无名指夹住颈口，使雏鹅腹部朝上，然后用右手的拇指和食指放在泄殖腔两侧，轻轻翻开泄殖腔。如果在泄殖腔口见有螺旋状突起（阴茎的雏形）即为公鹅；反之，看不到螺旋状的突起，仅有三角瓣形皱褶，即为母鹅。

2. 捏肛法 捏肛法是一种鉴别水禽雌雄的传统方法，其准确率较高，且操作速度快。操作时左手抓住鹅，使雏鹅背部朝上，将鹅颈固定在小拇指一端，然后用右手拇指和食指在鹅肛门外靠中下部轻轻一揉捏，感觉有芝麻粒大小突起者为雄雏，否则是雌雏。注意突起处位于肛门口下方。

3. 顶肛法 顶肛法是捏肛法达到一定熟练程度后的升华技术，不适宜初学者。同捏肛法一样，左手将雏鹅固定，右手中指从肛门下端轻轻上顶，感觉有芝麻粒大小突起者即为雄雏，反之便为雌雏。

（四）雏鹅的运输

雏鹅运输的关键：做好保温、通风工作，避免顾此失彼。

1. 起运时间 待初生雏鹅毛干并且能够站稳即可起运。

2. 运输工具 运输车、运输筐、绳子等。

3. 运输注意事项 长途运输时应采用消过毒的专用工具，途中应注意观察雏鹅动态，及时采取相应措施来调节温度，避免曝晒、雨淋等；运输途中禁止喂食。如果长时间运输，应在雏鹅饮用水中加入多种维生素（每千克水加入1克），以免雏鹅出现脱水现象从而影响成活率。雏鹅运送工作完成后，先让其充分饮水，再开食。

（五）雏鹅的培育

1. 培育方式

（1）地面育雏。将雏鹅饲养在铺有垫料（图6-1）的地面上；保温多用煤气热源、电热保温伞和红外线灯泡。

（2）网上育雏。将雏鹅饲养在距离地面约55厘米高的铁丝网上；保温可用电热保温伞或红外线灯泡。

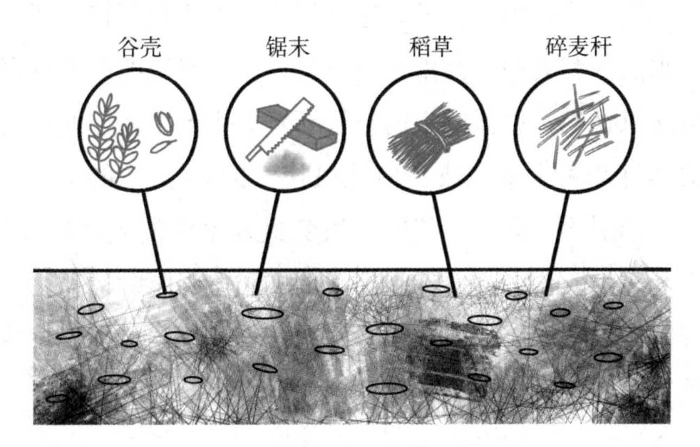

图 6-1　垫料

2. 育雏条件

（1）温度。除查看温度计外，还需要根据雏鹅的活动状态和采食状况来判断温度是否适宜，并及时调整，尤其要避免出现雏鹅扎堆的状况，否则会导致较弱的雏鹅窒息。第一周室湿 30～32℃，之后的每周降 2～3℃，21 天后逐渐降至自然温度。保证舍内各处温差及昼夜温差不超过 1℃。

（2）湿度。湿度同样对雏鹅的健康和生长发育有很大的影响，并与温度共同起作用。在育雏前期一般相对空气湿度控制在 60%～65%，后期控制在 65%～70%。

知识拓展

育雏过程中常会发生两种现象，同时也是育雏大忌。低温高湿：雏鹅因机体散发过多热量而出现扎堆现象，易引起感冒和腹泻，进而增加僵鹅、残次鹅和雏鹅的死亡率，这是导致育雏成活率下降的主要原因。高温高湿：雏鹅因机体散热受到限制，造成物质代谢和食欲减退，抵抗力减弱；同时高温高湿环境下易引起病原微生物的大量繁殖，是发病率增高的主要原因。

(3) 通风换气。雏鹅因生长发育速度较快，新陈代谢较为旺盛，排出大量的二氧化碳、水蒸气和粪便，污染室内空气，影响雏鹅的生长发育。因此，育雏室必须经常通风换气，以保持室内空气新鲜。生产上往往通过门、窗、顶棚通风孔的开关和打开大小来完成舍内通风换气的调节。采用烟道加热的育雏舍，注意及时将烟引出。通风换气时，避免进入室内的风直接吹到雏鹅身上，防止因受凉引起感冒。舍内空气不能出现刺鼻和熏眼睛的情况。

(4) 饲养密度。在育雏期间，雏鹅生长发育较快，要随着日龄的增加，对密度进行调整（表 6-1），保证雏鹅正常生长发育。

表 6-1　饲养密度

单位：只/米^2

类型	1 周龄	2 周龄	3 周龄	4 周龄
中、小型鹅种	15～20	10～15	6～10	5～6
大型鹅种	12～15	8～10	5～8	4～5

(5) 光照。光照不仅影响生长速度，同时也影响雏鹅的性腺发育。前 1～2 周采用 24 小时光照；第 3～4 周开始逐渐减少光照直至进行自然光照。为避免雏鹅发生应激反应，光照时间应平稳递减。

(六) 雏鹅的饲养

1. 及早潮口，适时开食　雏鹅出壳后 12～24 小时内的第一次饮水称为潮口，第一次吃料称为开食。

(1) 潮口。使用小型饮水器，盘中水的深度低于 1 厘米，以不打湿雏鹅绒毛为原则。若潮口太迟，会造成机体失水，出现干爪鹅的现象，导致雏鹅的生长发育受到较为严重的影响。

(2) 开食。以新鲜、易消化、多汁的青绿饲料开食，常用的有苦荬菜、莴苣叶等；以磨碎的颗粒料开食，便于雏鹅采食。喂料量应少量勤添。

2. 饲喂方法和次数　少食多餐，少喂勤添，随吃随给，饲槽内要有余料，但不能过多，否则易酸败变质。1 周龄内，一般每天喂料 6～9 次；2 周龄时，每天喂料 5～6 次，其中两次饲喂在晚上进行。喂精料和青绿饲料时要分开，先喂精料后喂青绿饲料。

3. 尽早脱温下水 一般 4～5 日龄后选择晴朗的天气让雏鹅下水；第一次下水的时间不宜过长，以避免湿毛的鹅淹死；第一天应重复 3～5 次下水过程。

4. 雏鹅下水过程 出舍（最初雏鹅不愿出舍，可将其缓慢驱赶到运动场）→诱导（可在运动场上撒一些饲料，诱导雏鹅走向水面运动场）→戏水（第一次下水时间不宜过长，不可强迫将雏鹅赶入水中）→保温（戏水后，雏鹅体温降低，应让其回到舍内取暖保温）。

二、鹅育肥期、育成期饲养管理

（一）饲养方式与条件

鹅的饲养一般包括以下几种方式（表 6－2）：

表 6－2 饲养方式与条件

饲养方式	饲养条件
放牧饲养	放牧场地应有丰富的牧草，草质优良，靠近水源。放牧初期，一般上、下午各一次，中午回舍休息。注意天气变化，避免鹅在舍外长时间受热和受冷
舍饲饲养	舍饲饲养要进行种草养鹅。应有合理的青绿饲料种植计划。充分利用当地物美价廉的粗饲料，以降低养殖成本
放牧与舍饲结合饲养	考虑当地的气候、青草等青绿饲料的生长情况，结合农作物的收割时间，合理利用林下、冬闲田降低饲养成本

此外，放牧鹅群大小应适宜，对鹅的出牧、归牧、下水、休息等行为进行调教；放牧应遵循早出晚归的原则；开始放牧时应选择牧草较嫩、离鹅舍较近的牧地，注意放牧时间以及放牧距离的控制，避免鹅群受到暴晒、淋雨的情况；白天在牧地补饲精料，认真观察鹅的采食动态，及时发现病残鹅；收牧时要检查鹅群数量及状态，收牧后可根据白天采食情况适当补饲调整。

（二）肉鹅育肥期饲养

1. 育肥方法（图 6-2）

（1）放牧育肥。方法较为传统，且成本较低；适于放牧条件较好的地方；根据肉鹅放牧采食的情况来加强补饲工作；充分掌握当地农作物收割季节，及时做好放牧计划。

（2）舍饲育肥。饲养成本较放牧育肥高，但生产效率较高，育肥的整齐度好；适于集约化的批量饲养；主要依靠饲喂饲料来达到育肥目的。应每天喂料3～4次，并供给充足的饮水；限制鹅的活动，舍内光线应较暗，减少外界干扰。

（3）人工强制育肥。育肥期短且育肥效果好，但其饲喂方式较麻烦，分为手工填饲和机械填饲。

a

b

c

图 6-2 育肥方法

a. 放牧育肥 b. 舍饲育肥 c. 人工强制育肥

2. 分群及出栏 及时分群，分群时注意鹅群大小，可根据肉鹅的体况来进行分群；适时出栏，肉鹅一般在 70～80 日龄时达到上市体重，及时做好出栏工作。

（三）种鹅育成期饲养

种鹅育雏结束到产蛋以前的这一阶段称为育成期。该阶段的管理与种鹅开产日龄、产蛋高峰持续时间、产蛋量以及种蛋的受精率等密切相关。因此，需要对该阶段的鹅进行控制饲养。育成鹅阶段划分：生长阶段、限饲阶段和恢复阶段。

1. 生长阶段 通常指 70～120 日龄，此时需要的营养物质较多，不宜过早进行粗放饲养。应逐渐减少补饲的次数，降低补饲日粮中的营养水平。

2. 限饲阶段 指 120 日龄至开产前 50 日龄，此时应注意观察鹅群的状态，选择适宜的放牧场地并结合育成鹅体重和状态，来调节饲喂量。限饲方法：

①减少补饲日粮的饲料量，实施定量饲喂，将其饲喂量逐渐减少，饲喂次数由每日的三次降为两次，并延长放牧时间。

②控制饲料质量，逐渐降低日粮营养水平；饲料中可添加较多的填充粗料，如米糠、曲酒糟等。

3. 恢复阶段 在开产前 50 日龄左右进入恢复饲养阶段，此时应逐步提高日粮的营养水平，同时适当提高喂料量和增加饲喂次数；经过 20 天左右的饲养，种鹅的体重可恢复到限饲前的水平。

三、种鹅产蛋期饲养管理

（一）提高种鹅产蛋率

1. 控制开产时间 通常鹅 1 年只有 1 个繁殖季节，南方为 10 月至翌年的 5 月，北方多在 3—7 月。开产时间与育成期的光照和开产前饲料量有关。开产前一般进行 4 周的补饲，并逐步过渡到自由采食。育成期过量光照、开产前饲料量过度增加均会导致种鹅过早产蛋和产蛋减少。

2. 适当光照 产蛋期每天保证 16～17 小时光照（图 6－3），每平方米 25 勒克斯的光照强度；开产前 1 个月补充光照，注意逐渐增加光照时间。注意季节和品种不同，所需光照也不同。

3. 加强种鹅的饲养 在开产前 4 周，改用初产鹅日粮（图 6－4），粗蛋白质水平 15.5％左右；当产蛋率高于 20％时，换成高峰期蛋鹅日粮，粗蛋白质

图 6－3　室内光照设施（日光灯）

水平以 18.5%最佳。每天饲喂 2～4 次，保证青绿饲料和清洁饮水的供应（图 6－5）。

图 6－4　种鹅的日粮

图 6－5　清洁的饮水

4. 加强放牧管理　尽量选择距离近而路面平坦的草地放牧；保证有较多的时间让种鹅下水洗浴、戏水；产蛋期母鹅行动迟缓，避免对鹅群驱赶过急；平时要注意做好防暑、避雨等措施。

5. 防止窝外蛋　母鹅有定窝产蛋的习惯。大部分鹅产蛋完成前尽量不放牧，有寻窝表现的鹅应推迟放牧；上午放牧应选择靠近鹅舍的场地，以便部分母鹅回窝产蛋。产蛋初期，训练母鹅在窝内产蛋；及时进行种蛋收集。

6. 就巢性的控制　应及时将就巢的鹅与其他种鹅进行分离，并将其关在光线充足、通风且凉爽的地方，避免其回到产蛋窝内；加强饲喂，保证其体重不明显下降。对有就巢性的鹅进行标记（图 6－6），留种前淘汰，避免留作种用。

图 6－6　就巢的鹅

7. 减少应激反应　在种鹅产蛋期间保持周围环境较为安静和舒适；禁止随意更改饲养管理程序，如须更换，做到逐步过渡；在进行转群和免疫接种时，可在饮水中添加复合维生素（每千克水加 1 克），饲喂 3 天，用来缓解应激反应影响。

（二）提高种蛋受精率

1. 严格选择种鹅　种公鹅要求体大毛纯（图 6－7），颈、脚粗长，两眼有神，叫声洪亮，行动灵便，雄性特征明显；种母鹅要求外貌清秀，前躯深宽，

图 6－7　种母鹅（左）、种公鹅（右）

臀部宽而丰满，肥瘦适中，颈细长，眼睛有神，脚掌小，两脚距离宽，尾毛短而上翘，全身被毛细密。开产时，检查公鹅生殖器的发育状况，及时淘汰发育不良的公鹅。

2. 合理搭配公、母鹅　参考表 3 - 1。

3. 科学把握利用年限与鹅群结构　公鹅的利用年限一般为 2～3 年，其中优秀的鹅群可以利用 4 年；母鹅的利用年限一般为 3～4 年，其中优秀的鹅群可以利用 5 年。鹅群结构调整：

（1）种鹅只利用一个产蛋年，又分为逐渐淘汰和全群淘汰。逐渐淘汰：在产蛋中后期，首先淘汰换羽和有伤残的个体，再根据母鹅耻骨间隙及产蛋量进行淘汰，同时对多余的公鹅进行淘汰。全群淘汰：在种鹅产蛋末期全部淘汰。

（2）种鹅利用两个产蛋年，鹅的饲养周期为 2～3 年。第一个产蛋年结束时（每年 4—6 月），淘汰有伤残和体型不符合种用标准的个体，保证公、母鹅的适配比例，并进行人工强制换羽；经过 3～4 个月的饲养，将进入第二个产蛋年。

（3）将不同年龄母鹅进行混养（图 6 - 8）。

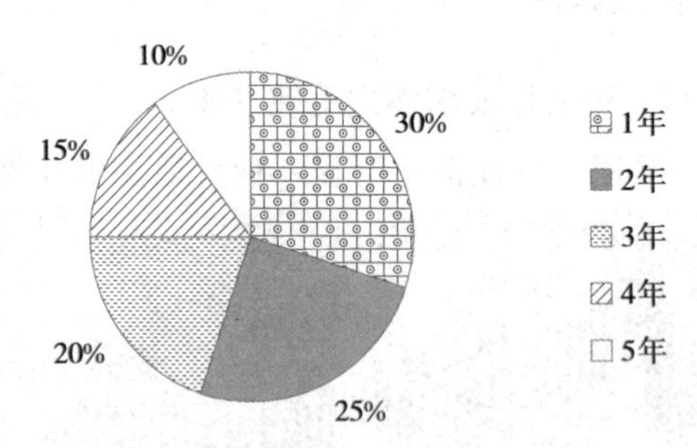

图 6 - 8　不同年龄结构的鹅群混养

4. 提供适宜的水面运动场　水面运动场的大小及水深应与鹅群大小相适应，水质良好（图 6 - 9）。

5. 提供舒适的休息场地　鹅群休息时，应尽量让鹅群在靠近水边的阴凉处活动（图 6 - 10），以增加交配机会。

图 6 - 9　鹅的水面运动场

图 6 - 10　鹅的休息场地

6. 其他管理要点　鹅群大小合适、组群时间要早：繁群不宜过大，一般以 300～500 只为宜；鹅的择偶性较强，公、母组配要早。

四、种鹅休产期饲养管理

（一）人工强制换羽

在自然条件下，母鹅从开始脱羽到新羽长齐需要经历较长的时间，种鹅进行换羽的时间有迟、有早，其后的产蛋也有先有后。为了缩短换羽的时间、保证换羽后产蛋比较整齐，可采用人工强制换羽。在人工强制换羽工作开展前，首先淘汰产蛋性能低、体型较小和有伤残的母鹅，以及多余的公鹅。

人工强制换羽步骤：

①停止人工光照，停料 2～3 天时提供少量的青绿饲料，保证充足的饮水。

②第 4～10 天降低采食量。饲喂的青绿饲料由糠麸、糟渣等组成。

③第 10 天左右试拔主翼羽和副翼羽。若试拔过程轻松完成，羽根干枯，可逐根拔除。否则应在 3～5 天后再拔一次，最后拔掉主尾羽。

（二）其他要点

（1）休产期种鹅日粮与育成期相同，饲喂次数每天1～2次。

（2）休产期种鹅可进行放牧，舍饲鹅也尽量搭配青绿饲料和糠麸类粗饲料，以降低饲料成本。

（3）产蛋前30～40天（俗称交翅），日粮改为产蛋鹅料，并逐渐增加喂料量，至开产时达到自由采食。

环境卫生与防疫

一、环境卫生

（一）选址

鹅场的场址应选择在地势高燥、背风向阳、便于排水且水源清洁充足、距离居民生活区较远的地方。

（二）排水和排污设施

场内应设有便捷的排水、排污设施，场区内污水应尽量采用暗管排放，进行集中处理，雨污分流排放。

（三）养殖设备

（1）场内要配备充足的养殖设备，对鹅饮水槽和饮水器（盆）每天都要清洗，确保鹅饮水的清洁和卫生，防止鹅粪便污染和鹅饲料的污染和霉变。

（2）鹅舍应该具备防鼠、防虫以及防鸟等相关设施。

（3）对于常备的养鹅设备，尤其是鹅的料槽和饮水器（盆）等，应该放置在通风向阳的地方，防止其表面滋生霉菌。

（四）消毒设备

在鹅场各分区均应配备相应的消毒设备，场内应建立严格的卫生防疫制度，要定期对鹅舍的地面、舍内的设备及周边环境进行消毒。

（五）场区内绿化

规模化鹅场应该重视场内绿化，适当的绿化环境不但能美化场区，还能够在一定程度上阻断病原的传播。种植的树木还可以为场区遮阳降温，优质牧草可以给鹅提供青草料。

（六）防疫设施

场内应该具备完整的污水、废弃物及病鹅的无害化处理设施，做好粪污和病死鹅的无害化处理。此外还要在场内定期除尘，实施全面灭鼠、消灭有害昆虫等工作，防止病原微生物在场区传播（图 7－1、图 7－2）。

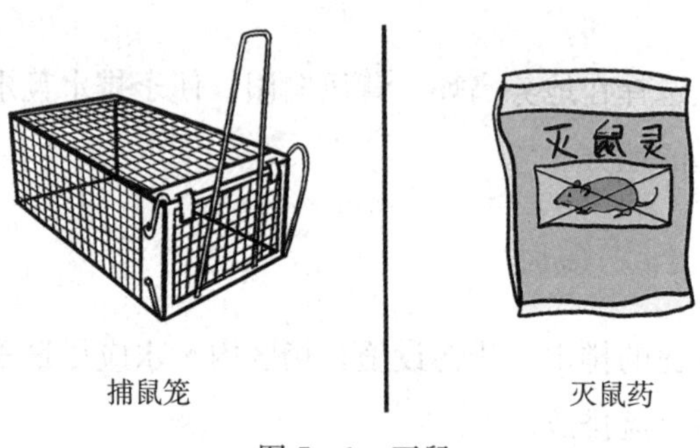

图 7－1　灭鼠

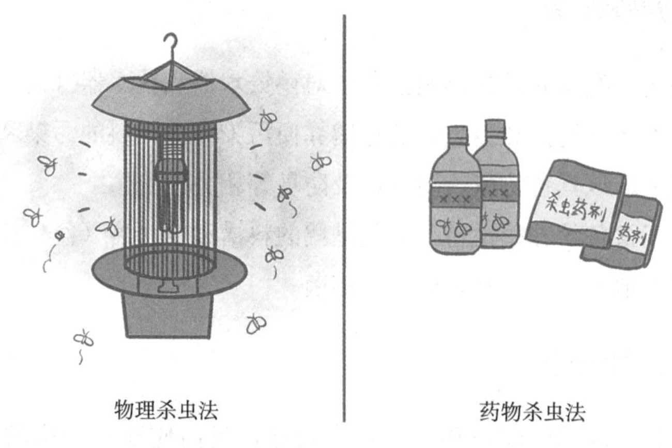

图 7－2　灭虫

加强场区防疫应采取的主要措施：

①对检疫时发现的病鹅和疑似病鹅要认真地进行隔离观察。

②对确诊的病鹅要立即按规定扑杀，之后进行无害化处理。

③当养殖场区流行严重传染病、新型传染病时，应立即封锁消毒。

二、粪污处理

鹅场粪污处理方式：还田、厌氧发酵、工业化处理（图 7－3）。

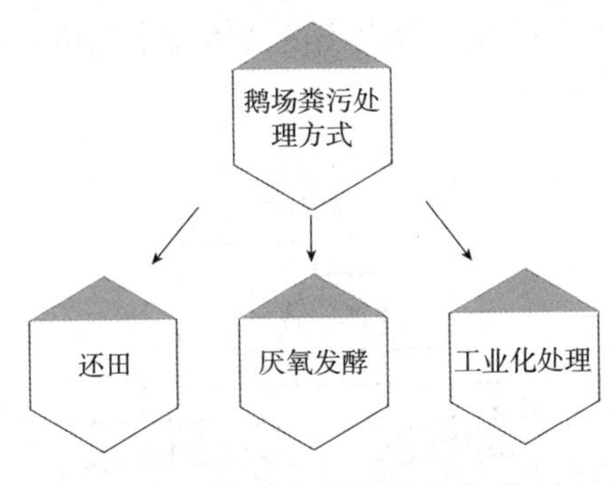

图 7－3　鹅场粪污处理方式

（一）还田

小规模养鹅的专业户可以对粪污采用还田方式处理。首先人工清扫鹅舍内的干粪或吸收粪尿的垫草，对于清扫出的干粪可以外销或者生产有机复合肥。然后用少量水冲洗鹅舍内残留的粪便并贮存于贮粪池中，经微生物厌氧发酵后可作为肥料来种植青绿饲料或供周围的农户肥田。

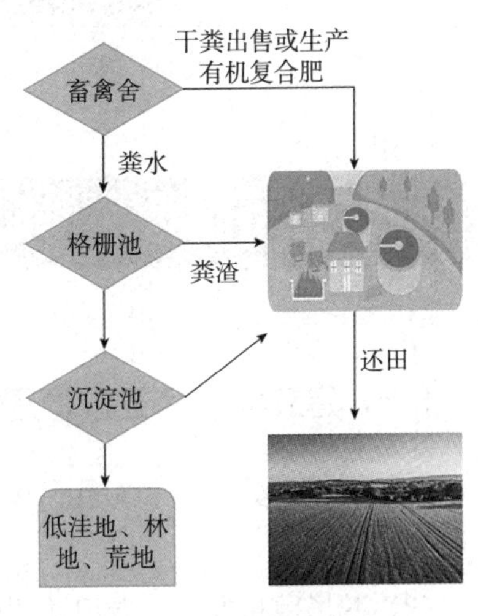

图 7－4　厌氧发酵流程

（二）厌氧发酵

厌氧发酵处理粪污适合中等养殖场。养殖场离城市较远，且周围地区要有滩涂、荒地、林地或低洼地作为废水自然处理系统（图 7－4）。养殖场对鹅粪污采用固液分开处理的方式，固体制肥，液体发酵。

（三）工业化处理

大规模养鹅企业适合使用工业化处理的方式处理粪污。首先用水将粪污冲入排污管道，然后用固液分离机分离固态粪渣和液体污水，分离出的干粪可以用来出售或发酵后生产有机肥。分离出的液体污水则可以进入处理系统，进行工业化处理（图 7－5）。

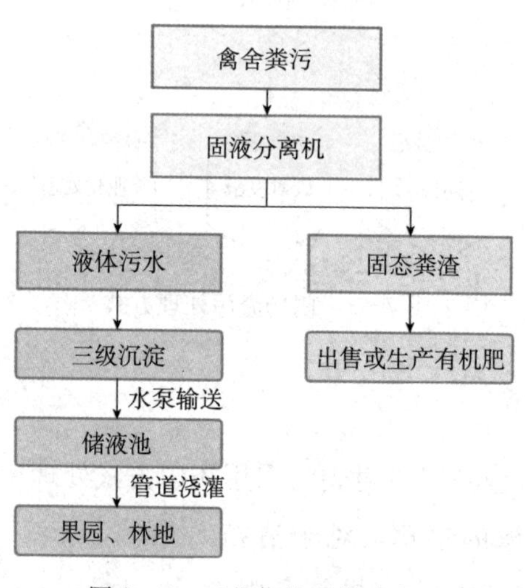

图 7－5　工业化处理模式流程

三、消毒与防疫

（一）建立科学的卫生管理制度

（1）工作人员、外来人员、车辆进入生产区时，要严格清毒(图 7－6、图 7－7)。

（2）鹅场用具专区、专用并严格消毒（图 7－8）。

（3）保证饲料与饮水卫生。

图 7-6 进出人员消毒

图 7-7 进出车辆消毒

(4) 引种或调入鹅需隔离观察。

(5) 全进全出。

图 7-8 清粪车消毒

（6）保持舍内清洁卫生、定期消毒、通风换气。

（7）病禽的隔离和死禽妥善处理。

（8）粪便无害化处理。

（二）卫生消毒

1. 场内消毒 每2～3个月用火碱或生石灰对禽舍周围环境消毒。场周围及场内污水池、排粪坑、下水道出口，每1～2个月用漂白粉消毒1次。在大门口使用2%火碱或煤酚皂消毒。

2. 工作人员消毒 员工应取得消毒卫生证书并通过上岗培训，定期进行健康检查。传染病患者不得从事饲养工作。工作人员进入生产区需换衣服、戴帽子、换鞋，并进行紫外线或喷雾消毒。严格控制外来人员进入生产区。进入生产区的外来人员应严格遵守场内防疫制度，更换防疫服、工作鞋，进行严格消毒后方可进入。

3. 鹅舍消毒 进鹅或转群前，将鹅舍进行彻底打扫，可选用2%火碱、0.1%新洁尔灭、0.3%过氧乙酸等消毒液进行全面喷洒，然后关闭门窗，用福尔马林密闭熏蒸消毒24小时（图7-9）。鹅舍消毒完毕后应至少空舍2周，关闭并密封鹅舍，防止鸟和鼠类进入。

图7-9 鹅舍消毒

4. 用具消毒 先用0.1%新洁尔灭或0.2%～0.5%过氧乙酸消毒（图7-10），然后在密闭的室内用福尔马林熏蒸消毒。

图7-10 用具消毒

5. 带鹅消毒 定期给鹅选择刺激性较小的消毒剂进行消毒。常用消毒剂有0.3%过氧乙酸、0.1%新洁尔灭和0.1%次氯酸钠。当鹅场出现疫情时，应增加鹅的消毒次数。

（三）建立科学的免疫程序

应依据鹅场以往的疫病史、场周围疫情情况、免疫抗体水平及鹅饲养阶段，有针对性地制订免疫计划。对于缺乏相关条件的鹅场，应参照提供雏鹅的单位的免疫情况和本场的经验制订合理的免疫程序。

第八章 鹅常见病的防治

一、病毒性疾病

（一）小鹅瘟

1. 病原及流行特点 病原是鹅细小病毒，病毒颗粒直径20～25纳米。主要发生在日龄较小的雏鹅，在1周龄以内的雏鹅发病后死亡率高达100%，10～20日龄的死亡率一般不超过60%，1月龄以上的雏鹅则极少发病。本病的传染源主要是发病雏鹅和带毒成年鹅，感染方式为通过消化道感染。

2. 症状 该病的潜伏期根据受感染时的日龄而定，1日龄的潜伏期为3～5天，2～3周龄的潜伏期为5～10天。其中3～5日龄鹅发病最急，主要表现为发病迅速，病鹅极度衰弱或倒地乱划，不久后死亡；5～15日龄多数发病急性，病鹅全身委顿、食欲不振，腹泻，有灰白或淡黄绿色水样性粪便，有的病鹅出现呼吸困难，鼻端流出浆性分泌物，喙端色泽变暗，死前扭颈、两腿麻痹或抽搐（图8-1）；15日龄以上的雏鹅发病，病程较长，一部分为亚急性，主要表现为消瘦、精神萎靡和腹泻，少数表现为生长不良。

图8-1 小鹅瘟两腿麻痹症状

3. 病理变化 特征性变化主要表现为急性卡他性肠炎、肠黏膜坏死脱落和形成凝固的纤维素性栓子。剖检可见肠道充血肿胀，质地坚实，形如香肠，肠管被淡灰色的栓子塞满等。

4. 诊断 根据病雏鹅的临诊症状和肠道栓塞的特征性剖检以及流行特点，可作出初步诊断。确诊本病须通过实验室诊断，进行病毒分离鉴定或特异性单克隆抗体的检测。

5. 防治

①疫情处理。一旦发病，隔离病鹅，并且无害化处理病死鹅。与此同时对运动场地、用具以及禽舍进行彻底消毒，并进行全群带鹅消毒，防止病情扩散和蔓延。

②注射高免血清。早期注射抗小鹅瘟高免血清能制止80%～90%已被感染的雏鹅发病，越早注射抗小鹅瘟高免血清，其治疗效果越好。对于已出现初期症状的雏鹅可适当加量注射，一般采用皮下注射。

③严格把好引种关。为防止病毒经种蛋传播，严禁从感染区购进种蛋、种苗及种鹅，应对入孵的种蛋进行药液冲洗和福尔马林熏蒸消毒。订购证照齐全、管理规范的大型种鹅场或孵化场的鹅苗。对于新购进的雏鹅，在隔离饲养20天以上，并且无小鹅瘟发生时再与其他雏鹅群混合喂养。

④消毒。由于小鹅瘟主要通过孵化室进行传播，因此，在每次使用后，孵化室的一切用具及设备都必须进行严格的清洗消毒。如发现分发出去的雏鹅在3～5天时发病，则表示该孵化室被污染，此时应当立即停止孵化，对房舍及孵化、育雏等全部器具进行彻底消毒。

⑤免疫。为使后代雏鹅获得被动免疫，母鹅在产蛋前1个月应注射小鹅瘟疫苗。雏鹅出壳后应当立即注射抗小鹅瘟高免血清。

（二）鹅副黏病毒病

1. 病原及流行特点 病原为鹅副黏病毒，副黏病毒科腮腺炎病毒属，禽副黏病毒Ⅰ型。该病毒呈球形，表现为有囊膜，其大小为100～250纳米，能凝集鸡及多种动物的红细胞。该病的发生与温差波动密切相关，主要发生于初春、秋冬季，在晚春、夏季、雨季以及持续降温天气也可见此病。小于15日龄的雏鹅高度易感，在育成以后鹅群对该病会产生抵抗力。

2. 症状 急性发病时，病程较短，但病死率较高。大部分病鹅初期表现为排白色稀粪，中期排白中带红的稀粪，后期排绿色的稀粪。病鹅初期精神不佳，呆立，停止采食，在发病1～2天出现瘫痪，有时还可听到“咕咕”声。后期主要表现为扭头、转圈等神经症状（图8-2）。一般在发病3～5天后死亡，个别急性病鹅在1～2天内死亡且不表现任何明显症状。

3. 病理变化 病死鹅主要出现机体脱水，肝脏轻度肿大和淤血；脾脏肿大和淤血，并且有大小不等的灰白色坏死灶。部分病鹅表现为胰腺肿大，有散在的灰白色坏死灶；腺胃黏膜出血；各段肠道都可见黄豆大黄色隆起的痂块，剥离后表现为血面和溃疡灶。极个别还可见食道黏膜有少量芝麻大的白色假膜；有些出现神经症状。

图 8-2 鹅副黏病毒病扭头症状

4. 诊断 可以根据病鹅的临诊症状和肠道黏膜出现结痂样溃疡的特征性病变，并且结合其流行特点，作出初步诊断。确诊须进行实验室诊断。

5. 防治

①疫情处理。一旦发病，立即隔离病鹅，并对死鹅进行无害化处理。使用高免血清或者高免卵黄抗体对病鹅进行治疗，体重小于1千克的鹅用量为每只1～2毫升，体重大于1千克的鹅用量为每只3～4毫升。对受威胁的鹅群紧急接种鹅副黏病毒油乳剂灭活疫苗，同时在胸部另一侧肌内注射禽用干扰素，可以减少和控制本病的流行。

②免疫接种。一般对鹅群接种鹅副黏病毒油乳剂灭活疫苗，并定期对集约化和规模化养鹅场进行疫苗免疫效果监测。有母源抗体的雏鹅，要在小于20日龄时进行首免，经过大约2个月再进行二免；对于无母源抗体的雏鹅，在3～7日龄时进行首免，经过大约2个月进行二免。种鹅群的首免一般在10～15日龄时进行，每羽皮下注射0.3～0.4毫升疫苗，二免一般在2月龄进行，三免一般在产蛋前2周进行，每羽肌内注射0.5毫升疫苗，之后每年进行1次免疫即可。

③加强饲养管理。鹅场、鹅舍的建立要远离易污染的地方，严格划分区域，严格禁止场外人员入内。保证提供鹅必需的营养物质，提高机体免疫力。

（三）雏鹅痛风

1. 病原及流行特点 病原为星状病毒，属于星状病毒科星状病毒属，为单股正链 RNA 病毒，直径 28～30 纳米。该病毒粒子无囊膜结构，核衣壳呈二十面体球形对称结构，在电镜下可观察到该病毒呈五角或六角星状。病死雏鹅的肾脏、心脏、大脑及肝脏等部位均可分离出该病毒。其传播途径主要是通过消化道感染，无明显季节性。

2. 症状 病雏初期精神萎靡、羽毛蓬乱、行动缓慢、消瘦、腹泻、糊肛。发病后期食欲不振、关节肿胀、跛行、卧地不起。部分病鹅出现单脚站立或呈现蹲姿，喙部尿酸盐沉积、蹼苍白，最终衰竭死亡。一般持续 3～7 天。

3. 病理变化 鹅星状病毒具有组织嗜性，可引起病雏体内多组织器官病变，剖检可见心脏和肝脏表面有大量白色的尿酸盐渗出物（图 8－3）；肾脏肿大，在表面可见白色斑点状尿酸盐；输尿管因尿酸盐沉积发生阻塞，明显肿胀变粗。部分病死鹅脾脏、肝脏、肾脏及肠系膜等表面可见一层白色薄膜覆盖；颈部皮下、腿部肌肉及腿部关节腔中出现点状或者片状尿酸盐沉积（图 8－4）。

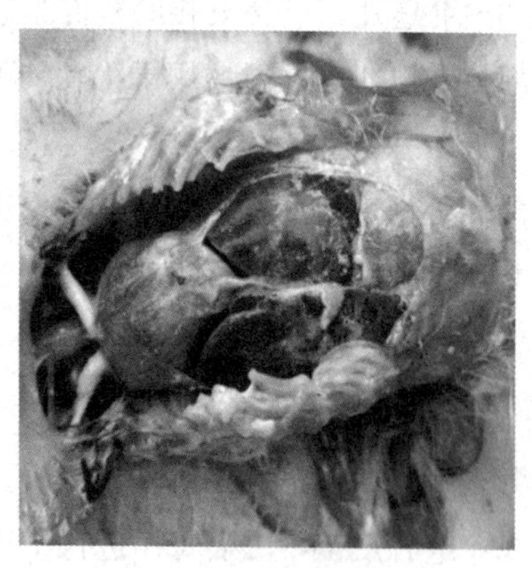

图 8－3 鹅痛风内脏尿酸盐沉积

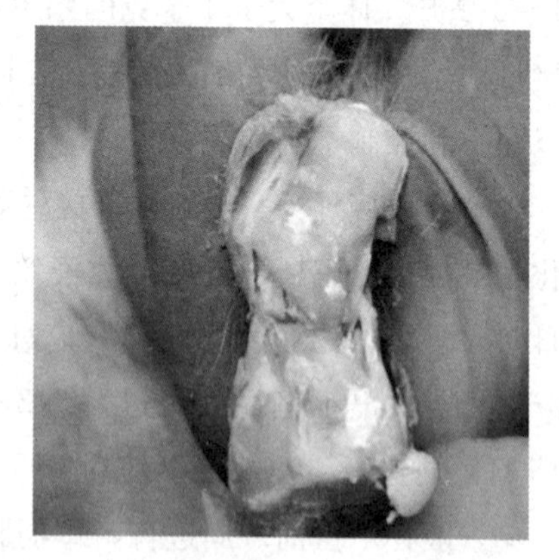

图 8－4 鹅痛风关节处尿酸盐沉积

4. 诊断 根据病因、病史、特征性症状和剖检变化可作出初步诊断，但是需要与钙磷比例失衡、维生素 A 缺乏和饲料性痛风相区别。进一步确诊需要进行实验室诊断，主要包括电镜观察、病毒分离鉴定、血清学试验和分子生物学诊断等。

5. 防治

①强化生物安全，切断传播途径。由于该病暂无疫苗和特效药物进行治疗，该病的防控主要依靠早发现、早扑灭，坚持以预防为主。各养殖场应采取封闭式的管理模式，加强完善防疫流程，实施全进全出制度。鹅场进出口要有消毒设施，严格把控鹅场的进出，防止外界的病原体进入养殖场。

②制订隔离措施，降低疾病传播风险。对疑似病例进行严格消毒隔离，防止该病向外传播扩散。限制人员的进出，对鹅场的墙壁、地面、料线、水线等设备设施进行消毒，所有的垃圾和粪便都应无害化处理。

③治疗。痛风时，可使用一些常用药物（如护肾利尿药）以促进体内尿酸排出，从而缓解症状，同时添加5%葡萄糖，效果会更好。

（四）鹅流行性感冒

1. 病原及流行特点 病原为A型禽流感病毒，有10多种血清型。主要由呼吸道引发感染，还可由被污染的水源、羽毛、排泄物、饲料及用具经消化道进行感染。除此之外，在鹅群附近发生禽流感的鸡、鸭群，也是重要的传染源。一年四季均可发生，以冬春季节多发，10—12月及翌年的1—4月可见大批发病和死亡。

2. 症状 潜伏期数小时至数天，最长可达21天。患病鹅发病较急，体温升高、食欲废绝；部分患病鹅表现为神经症状，出现扭头抽搐或身体偏向一侧，还会出现头颈部痉挛或倒地抽搐。主要排出黄白色或黄绿色稀粪，眼结膜因出血、充血出现潮红，严重者鼻腔出血，有的表现为角膜浑浊或眼睛失明（图8-5）；头面部肿大，下颌部水肿（图8-6）。部分患鹅还会出现呼吸道症状。

3. 病理变化 病死鹅常见喙端发绀，有的病死鹅头面部发绀。部分鹅出现头面部肿大，头部皮下出血且出现胶冻样水肿；眼结膜和鼻腔黏膜充血、出血、水肿；有的表现为气管黏膜出血；全身皮下和脂肪出血；心肌表现为变性、坏死，心冠脂肪及心外膜出血；腺胃黏膜及肌胃角质膜下有出血斑。有些

图 8-5　鹅流行性感冒角膜混浊症状

图 8-6　鹅流行性感冒头面部肿大症状

表现为腺胃与食道交界处形成出血带，小肠黏膜弥漫性出血。有的表现为出血溃疡灶，直肠黏膜及泄殖腔黏膜充血、出血，个别表现为整个肠道黏膜弥漫性出血、充血。

4. 诊断　根据患病鹅的临诊症状和剖检病变，并结合发病急、传播快、病程短、死亡率高的流行特点，可作出初步诊断。确诊必须进行病毒分离鉴定和血清学实验。

5. 防治

①加强饲养管理。为严防高致病性禽流感病毒传入，应当加强检疫和饲养管理。一旦发现疑似禽流感症状的鹅，要立即封锁鹅场，同时上报有关部门进行诊断和处理，并注意自身安全防护。

②发病后处理。高致病性禽流感尚无有效治疗方法，因此对高致病性禽流感地区进行严格封锁，划定疫区并且扑杀受感染的所有禽类。为防止病毒扩散传播，主要进行焚烧、深埋等无害化处理，同时还要对疫区可能受到污染的场地进行彻底的消毒。

③疫苗预防。对健康鹅预防接种禽流感油乳剂灭活疫苗，在 7～10 日龄时进行首次免疫，3 个月重复 1 次。对种鹅 5～15 日龄首免，50～60 日龄二免，开产前三免，以后每 4～5 个月免疫 1 次。对于未免疫的种鹅，所产种蛋孵出的雏鹅应在 5～15 日龄进行首免，二免在 60 日龄进行；对于已免疫的种鹅，

所产种蛋孵出的雏鹅首免应在15日龄左右，二免在60日龄。对于散养鹅，春、秋两季进行一次集中全面免疫，之后每月定期补免。

（五）鹅圆环病毒病

1. 病原及流行特点 病原为鹅圆环病毒，属圆环病毒科，无囊膜，呈二十面体，直径约为15纳米。该病毒是已知体积最小的鹅病毒。圆环病毒主要为潜伏感染而不引起动物发病，主要表现为侵害宿主体内增殖速度较快的细胞，尤其是淋巴细胞，侵害后表现为动物生长发育障碍、免疫力下降，从而易遭受其他疫病的传染或继发感染。

2. 症状 鹅在感染圆环病毒后，主要表现为发育不良、羽毛蓬乱和消瘦，同时出现精神萎靡，严重者常表现为羽毛脱落和羽毛囊坏死，且这些症状的产生可能与感染年龄、病毒毒力和继发感染等因素有关。

3. 病理变化 病鹅主要表现为法氏囊、胸腺和脾等组织的淋巴细胞减少，肝脏发生病变同时出现空泡，脾脏表现为间质性肺炎和出血，中央静脉周围大多被炎性细胞浸润，法氏囊结构遭到破坏，并观察到嗜碱性的包涵体。

4. 诊断 可以根据其临诊症状和病理变化作出初步诊断，结合实验室诊断进行确诊。在电镜下可以看到鹅圆环病毒特有的大直径的球形结构。除此之外还可以用间接免疫荧光法和聚合酶链式反应法检测鹅圆环病毒。

5. 防治 目前，对于鹅圆环病毒病没有可靠的疫苗和药物进行治疗。对患病鹅可以通过改善饲养环境、加强管理来防止继发感染其他疾病。

（六）鹅呼肠孤病毒病

1. 病原及流行特点 病原为禽呼肠孤病毒，为呼肠孤病毒科正呼肠孤病毒属，在世界范围内广泛存在，可感染鸡、火鸡、鸭、鹅等多种禽类。目前该病在我国养鹅地区广泛存在，主要侵害3周龄内的雏鹅，发病率与死亡率主要与日龄关系密切，日龄越小，越容易发病。

2. 症状 患病鹅主要表现为精神萎靡，拥挤成群，嘶叫，食欲不振，羽毛蓬乱，呼吸困难，腹泻，喜蹲伏，出现跛行，头颈表现无力而下垂，死前表现为头部触地，部分表现为头向后扭转的神经症状。

3. 病理变化 肝脏肿大出血，质脆，在肝脏表面可见针尖样的灰白色坏死点；脾脏肿大呈暗红色，表面及实质可见许多大小不等的灰白色坏死点，有时连成一片，呈花斑状；肾脏肿大出血，表面出现黄白色出血斑或针尖大小的白色坏死点。

4. 诊断 通过临床症状、病理变化及流行特点进行初步诊断，结合实验室诊断（常规的RT-PCR法、荧光定量RT-PCR法、LAMP法等多种直接检测方法）进行该病毒的鉴定或快速诊断。

5. 防治

①加强饲养管理。为了有效预防该病，应当加强日常禽舍的消毒工作，保证场地干燥，并且及时补充维生素和盐；在本病流行时，做好分群饲养等隔离措施；在生产上实施全进全出，在空舍期对禽舍进行彻底消毒。

②疫苗接种。对高发区的家禽，在1～7日龄时进行预防免疫接种，保护率可达90%以上。为防止因该病毒导致产蛋下降，可对种禽接种灭活疫苗，还可通过母源抗体进行保护，防止垂直传播。

③治疗。对患病鹅应及早进行治疗，同时配合抗菌药物和黄芪多糖的使用，控制继发感染。抗病毒药和清热解毒类中草药也可以减少其死亡率。

（七）鹅坦布苏病毒病

1. 病原及流行特点 病原为坦布苏病毒，属于黄病毒科黄病毒属的单股正链RNA病毒。坦布苏病毒可感染多种水禽，特别是鸭、鹅。该病一年四季均可发生，以秋冬季节多发。一般情况下，潜伏期为1周。

2. 症状 根据发病特征，分为急性型和耐过型。鹅群发病急，精神萎靡，高发热，饮欲、食欲不振，腹泻，产蛋率严重降低。病鹅会出现神经症状，最终衰竭而死（图8-7）。

3. 病理变化 剖检可见病鹅肝脏肿大、脾脏肿大，肝脏上有灰白色的坏死灶；卵巢充血、出血，甚至出现坏死灶；神经元细胞变性坏死，出现“卫星现象”；部分病鹅的心包膜表面被一层黄色纤维素性渗出物覆盖，并且心包膜

图8-7　鹅坦布苏病毒病扭头症状

增厚。

4. 诊断　通过症状和剖检病变可进行初步诊断，确诊需要通过实验室诊断。实验室诊断主要包括分子生物学诊断、血清学诊断以及病毒的分离和鉴定。

5. 防治

①加强饲养管理。及时对运动场地、器具、仪器设备、运输工具等进行消毒。避免从疫区引进鹅苗。减少动物应激反应，保证鹅舍的温度，合理控制饲养密度及通风。

②发病处理。当引进鹅感染该病病毒时，首先进行分群隔离饲养，其次使用有效消毒剂对鹅舍、运动场地等内外环境进行彻底消毒。

③治疗。目前无特效疗法治疗此病，针对发病的鹅群可在发病早期使用卵黄抗体或高免血清来进行紧急接种预防或治疗。

二、细菌性疾病

（一）大肠杆菌病

1. 病原及流行特点　大肠杆菌中的部分血清型是导致鹅发病的原因。鹅各个生长阶段都容易感染大肠杆菌病，雏鹅和开产母鹅感染风险更高。该病的传播方式主要是通过呼吸道、消化道和生殖道感染。该病四季都可发生。

2. 症状 病鹅逐渐消瘦、精神不振、缩头闭眼、食欲废绝；有的表现为结膜炎，羽毛粗乱，排白绿色或黄绿色稀粪，啄肛，产蛋率明显下降；部分病鹅呼吸困难，口鼻分泌物增多，咳嗽。

3. 病理变化

①急性败血症。主要导致纤维素性肝周炎和腹膜炎。纤维素性肝周炎：病死雏鹅肝脏肿大，肝脏表面和心外膜上覆盖着一层黄白色的纤维素膜。纤维素性腹膜炎：病死鹅腹水（图 8－8），心外膜和心包膜变厚（图 8－9），心包腔内存在脓性分泌物，导致心外膜及心包膜上出现黄白色纤维渗出物，严重时出现膜粘连现象。

图 8－8 鹅大肠杆菌病腹水

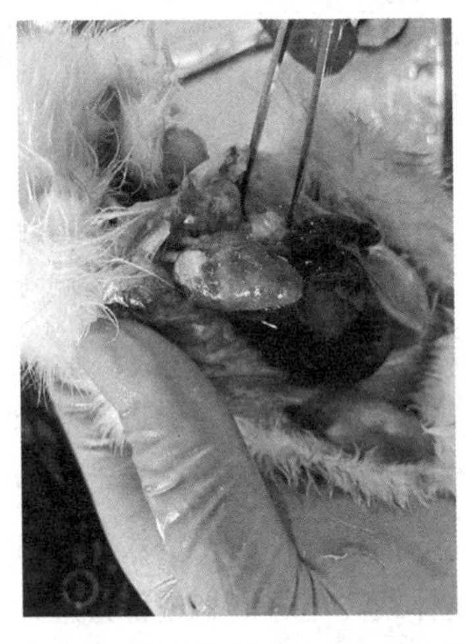

图 8－9 鹅大肠杆菌病心包膜变厚

②卵黄腹膜炎。产蛋鹅腹腔内存在卵黄，有时呈凝固状，有恶臭味。如果发生广泛性腹膜炎，会导致整个腹腔内的脏器和肠道等之间发生粘连，出现黄色絮状或者块状干酪样物。因病鹅无法正常排卵，造成卵子坠入腹腔。

4. 实验室诊断

①涂片镜检。无菌条件下，采集鹅的脏器进行涂片，使用革兰氏染色法，镜检可发现散在的革兰氏阴性短杆菌。

②细菌培养。无菌条件下，取病死鹅的心血、肝脏、脾脏等病料分别在普通琼脂培养基、伊红美蓝琼脂平板和麦康凯培养基上接种，置于37℃恒温箱里培养24小时，可见普通琼脂培养基上出现略凸起的圆形灰白色菌落，表面湿润；伊红美蓝琼脂平板上出现带有金属光泽的圆形菌落；麦康凯培养基上出现粉红色的圆形菌落，表面湿润、光滑。

③生化试验。取经过纯化的菌株进行生化试验，发现该菌可使葡萄糖、麦芽糖、乳糖、甘露醇分解，并可产气产酸，无法使尿素分解，不会生成硫化氢，枸橼酸盐利用试验、乙酰甲基甲醇试验呈阴性，吲哚试验和甲基红试验呈阳性。

5. 防治

①加强饲养管理。应保持鹅舍整洁、干燥，定期消毒，合理通风。合理控制饲养密度，饮水干净，减少应激反应。饲喂营养均衡的饲料，禁喂霉变饲料。实行全进全出的饲养制度。

②加强种蛋管理。选择蛋重适中、蛋形正常、蛋壳厚薄均匀的受精蛋作为种蛋。种蛋消毒也很关键，因为蛋壳表面携带病原菌会导致死胚或雏鹅成活率下降。种蛋产下24小时内进行消毒，可控制大肠杆菌感染。

③做好免疫接种工作。可选用大肠杆菌多价疫苗进行预防。

④药物防治。大肠杆菌容易产生耐药性，治疗大肠杆菌病应科学，尽量根据药敏试验筛选药物。

(二) 鹅沙门氏菌病

1. 病原及流行特点　病原为沙门氏菌，属于革兰氏阴性杆菌，有菌膜，无芽孢。不同日龄的鹅均可感染沙门氏菌病，可以水平传播，也可垂直传播。感染沙门氏菌病后会经消化道、呼吸道等接触，在群内传播；种鹅带菌也会通过种蛋传播给雏鹅，使鹅胚死亡。

2. 症状　雏鹅感染沙门氏菌病后表现为嗜睡、呆立、精神萎靡、饮水增加、食欲废绝、可视黏膜发白、眼睑充血、排黄绿色带气泡的稀粪、糊肛等现象，鹅排便困难，病程后期出现神经症状。发病2～5天多数雏鹅死亡。

3. 病理变化 病死雏鹅皮下有出血点，肝脏充血肿大，表面有黄白色斑点（图 8－10）或有针尖大小的灰白色坏死灶；胆囊、脾脏肿大，可见乳黄色干酪样分泌物；肠黏膜充血或坏死、心脏及心冠脂肪有出血点、淋巴滤泡肿胀、肠道有出血点。

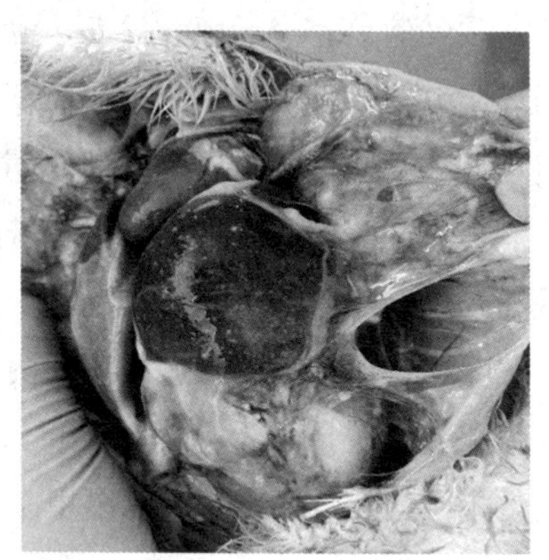

图 8－10 鹅沙门氏菌病肝脏充血

4. 实验室诊断

①涂片镜检。采取病鹅脾脏、肝脏涂片，进行革兰氏染色镜检，可见两端钝圆的革兰氏阴性杆菌，初步诊断雏鹅感染沙门氏菌病。

②细菌分离鉴定。无菌取病鹅内脏及肛拭子，分别接种于 BPW 液体培养基、SS 琼脂培养基、HE 琼脂培养基等，37℃培养 24 小时，结果可发现中心黑色、带有金属光泽的光滑圆形菌落。

5. 防治

①加强饲养管理。进雏前 20 天将养殖场、饮水工具、投喂工具等进行彻底清洗以及消毒，防止致病细菌附着在上面。调控环境有利于预防发病，夜间派专人看守雏鹅。

②治疗。合理使用抗生素，通过药敏试验筛选药物进行治疗，并注意交替使用，同时在饮水中添加口服补液盐，防止脱水。

③净化。利用检测手段定期对全群进行感染筛查，淘汰阳性带菌鹅。坚持疫病净化，随时掌控鹅群健康状况，逐步建立无病原菌鹅群。

（三）禽多杀性巴氏杆菌病

1. 病原及流行特点 病原为多杀性巴氏杆菌，属于巴氏杆菌属，其抵抗力不强，在阳光中暴晒 10 分钟或 56℃加热 15 分钟可被杀死，在干燥空气中 2～3 天可死亡。本病常发生于雏鹅，无明显的发病季节，但以夏末秋初最多，在潮湿地区也容易发生。

2. 症状 病鹅表现摇头、角弓反张、腹泻，粪便稀薄呈浅黄色、灰白色或绿色。有的鹅关节肿大、疼痛、脚趾麻痹，继而发生跛行，病程时间长（图8-11、图8-12）。

图8-11 鹅多杀性巴氏杆菌病关节肿大症状

图8-12 鹅多杀性巴氏杆菌病跛行症状

3. 病理变化 死亡鹅心包内充满透明的浅黄色渗出液，心冠脂肪、心内膜、肺脏充血、出血；在胸肺膜表面，偶见一层黄白色假膜覆盖；胃肠黏膜充血、出血，内容物似粉浆或带有血液，特别是十二指肠端充血、出血较明显；肝脏充血、肿大，表面散布细小、灰白色坏死点（图8-13）。

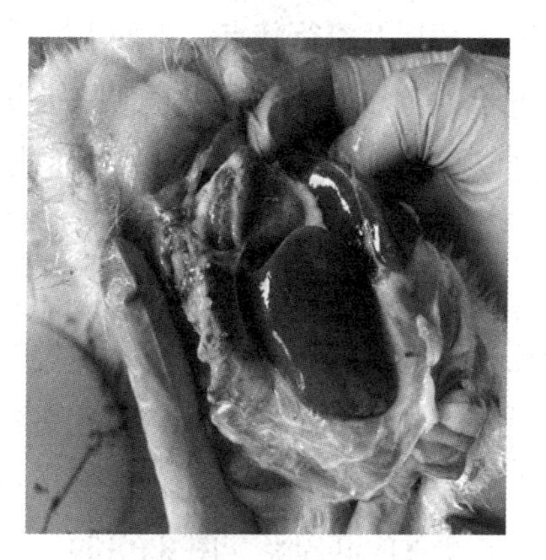

图8-13 鹅多杀性巴氏杆菌病肝脏肿大

4. 诊断 根据流行病学结合临床症状和特有病理变化现象，即可作出初步诊断。确诊需依据涂片镜检、细菌分离鉴定检查。

①涂片镜检。无菌条件下，取病死鹅的心血、淋巴结、肝脏制成涂片，经过革兰氏染色、镜检，可见革兰氏阴性短杆菌，菌体呈卵圆形；经过伊红美蓝染色、镜检，可见两极着色的圆形短杆菌，并存在荚膜。

②细菌分离鉴定。无菌取病死鹅的心血、肝脏等分别在鲜血琼脂平板上划

线，放入37℃恒温箱内培养24～48小时，可见露珠状的乳白色圆形小菌落，边缘整齐，表面光滑，黏性较大。

5. 防治

①隔离、消毒。病死鹅要立即采取无害化处理，病鹅必须采取隔离饲养，同时对运动场地、饲养圈舍、饲养用具以及被污染的场地进行全面消毒，每日2次，待疫情稳定后改成每周进行1次全面消毒。

②免疫预防。常用疫苗有禽霍乱弱毒疫苗731菌苗、833菌苗以及G190E40菌苗，大于2月龄的鹅每次肌内注射2毫升。也可使用禽霍乱弱毒疫苗1560FO菌苗，每只鹅肌内注射1毫升，免疫期可持续6个月。

③治疗。发病后及时用药进行治疗，如果病鹅症状较重，可紧急注射5毫升抗禽霍乱高免血清。

（四）鸭疫里默氏杆菌病

1. 病原及流行特点 鸭疫里默氏杆菌是一种革兰氏阴性小杆菌，无鞭毛，无法运动，无芽孢。菌体通常呈杆状，部分呈椭圆形，个别呈长丝状，常单个、成对或者呈短链状排列。自然感染情况下，鹅和鸭均易感染发病。

2. 症状 病雏鹅消瘦、反应迟钝、呆立、嗜睡、垂头闭眼、眼睑水肿、羽毛蓬乱、精神萎靡、两翅下垂、食欲不佳、饮水增加，大肚脐，腹泻，排黄绿色和灰白色稀粪，糊肛，鼻内流出浆液性或黏液性分泌物，有的后期会出现神经症状，头向后仰或间歇痉挛（图8-14），最后衰竭死亡。

3. 病理变化 死亡鹅心脏呈现纤维素性渗出，肝脏有纤维素性渗出物包裹，有严重的肝周炎（图8-15）。少量病死鹅有气囊炎，脾脏肿大且斑驳状坏死，肺部有化脓性纤维素包裹。个别鹅会出现脑膜炎。

4. 实验室诊断

①涂片镜检。无菌条件下采病死鹅心血、肝脏以及关节液，经过革兰氏染色镜检，可发现革兰氏阴性杆菌，往往单个散在或者成对排列，有时呈链状排列；经过瑞氏染色镜检，可见大多数菌体呈两极浓染。

②分离培养。无菌条件下，取病死鹅的肝脏、脑、脾脏组织进行触片，或者

图 8－14　鸭疫里默氏杆菌病头向后仰症状

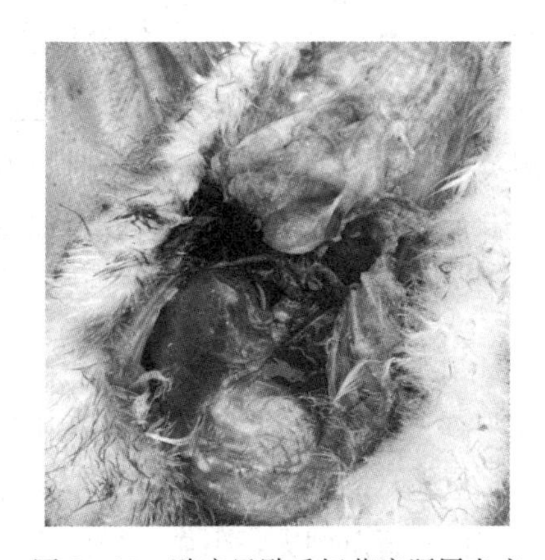

图 8－15　鸭疫里默氏杆菌病肝周炎症

取心包液、心血接种于血液琼脂或者巧克力琼脂培养基上，放在 37℃厌氧条件下进行 48 小时培养，可见培养基上长出突起的奶油状菌落，呈圆形，表面光滑。

5. 防治

①加强饲养管理。防止鹅舍饲养密度过大。保持良好的通风环境，避免有害气体产生过多。鹅舍内要保持干净、干燥，每日定时清除垃圾和粪便，并采取常规有效的消毒措施。

②免疫预防。在雏鹅 3～6 日龄时免疫接种鸭疫里默氏杆菌疫苗，可达到非常好的保护效果。污染严重的鹅舍，可选择一周后加强免疫一次。

③药物治疗。通过药敏试验选择高敏、稳定、副作用小、不伤肝肾的抗生素。在实际应用治疗过程中，科学用药，防止鹅群产生耐药性。

（五）奇异变形杆菌病

1. 病原及流行特点　奇异变形杆菌为革兰氏阴性杆菌，是一种常见的条件致病菌。奇异变形杆菌广泛存在于人和动物的肠道中，是引起临床泌尿系统感染的重要病原菌。奇异变形杆菌可引起家禽感染，穿透种蛋壳，造成胚死亡、卵黄感染以及雏禽死亡等。

2. 症状　本病主要发生于 7 周龄以内的雏鹅，15～30 日龄的鹅感染率最高，死亡率也最高。鹅超过 50 日龄后，即使发生感染一般也不会死亡，但后期生长发育缓慢，幼鹅上笼前体重不达标。病初鹅精神萎靡，羽毛蓬乱，对外界刺激不敏感，食欲废绝，饮水也基本停止，排黄绿色或灰白色稀粪。部分鹅跗关节肿胀，一侧或两侧的肢体发生瘫痪，无法站立；强制行走时，共济失调，走路不稳。个别鹅在后期出现神经症状，头向左上方偏转，多在表现症状后1～3天内死亡。

3. 病理变化 病死鹅喉头出血，肺脏淤血，皮下淤血，肠道广泛性出血（图8－16），尤其是十二指肠出血严重。胰腺出血，呈鲜红色。肝脏淤血肿大、质脆（图8－17）。脾脏肿大，有出血斑点。肠内容物呈黏液状。部分脑膜充血。肾脏肿大，出血，淤血。

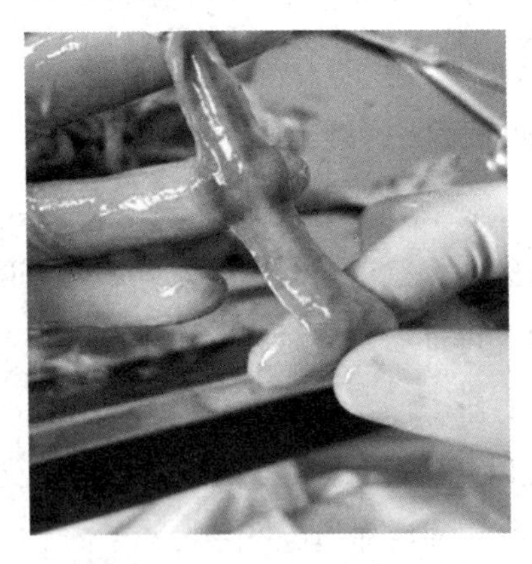

图8－16 奇异变形杆菌病小肠出血

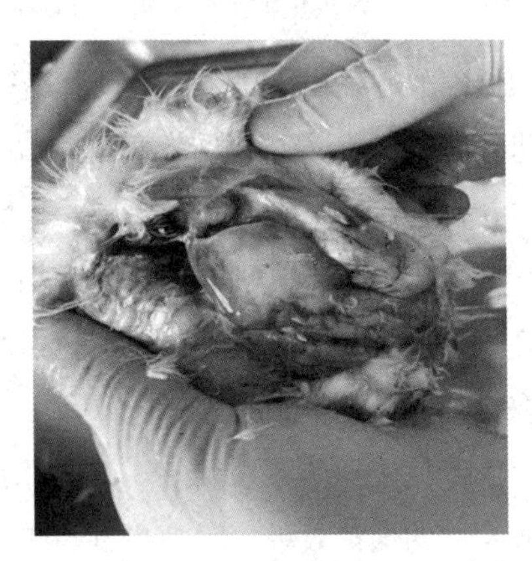

图8－17 奇异变形杆菌病肝脏肿大

4. 实验室诊断

①病原菌的分离与纯化。无菌采集症状典型的雏鹅肝脏和脾脏，并在脱纤维兔血平板上划线，37℃厌氧培养24小时后，挑取脱纤维兔血平板上单个菌落，进行涂片、革兰氏染色和显微镜检查，再将其接种于普通营养平板上进行分离、纯化。

②细菌培养。该菌在普通培养基上37℃培养24～28小时，为圆形、光滑、半透明隆起的小菌落；在麦康凯平板上均为圆形、无色透明、光滑湿润隆起的小菌落；在SS琼脂培养基上形成圆形、光滑湿润轻度隆起的小菌落，半透明的中央为黑色，即产生了硫化氢。

5. 防治

①把好饲料卫生。饲料卫生指标一定要合格，在确保营养成分齐全的前提下，微生物指标也必须合格。建议鹅场以采购正规厂家的全价料饲喂为主，全价料出厂前都要进行卫生检验，购买后直接饲喂即可，但后期储存时如果有霉变、过期或变质的情况禁止使用。

②加强环境消毒。加强空气的净化和消毒，舍内保持50%～60%的湿度，防止粉尘过多，而粉尘是病原菌依附的重要载体，粉尘量减少以后，疾病的流行就能减缓。

③治疗。确诊后，通过药敏试验选择敏感药物进行治疗，可以明显减少损失。

三、鹅曲霉菌病

1. 病原及流行特点 曲霉菌是环境中广泛存在的真菌。曲霉菌的气生菌丝一端膨大形成顶囊，上有放射状排列小梗，并分别产生许多分生孢子，形似葵花状。曲霉菌的抵抗力较强，煮沸后5分钟才能够灭活，一般的消毒药经1～3小时才能够灭活。该菌为需氧菌，对营养要求不高，不但能在室温生长，也能在37～40℃的环境中生长，这正是新生雏鹅的生长温度。该病的传染源和传播媒介主要为曲霉菌污染的饲料、器具、垫料、空气等，以及孵化车间的孵化器、蛋架、蛋盘、种蛋等。幼禽的传播途径主要是呼吸道和消化道，种蛋感染的传播途径主要是蛋壳上的气孔、裂缝或裂纹、破损等，造成孵化过程中的禽胚死亡或初生幼禽的发病。

2. 症状 雏鹅曲霉菌病早期在临床上主要表现为食欲废绝，精神萎靡，翅膀下垂，羽毛松乱，闭眼缩颈，运动量显著下降，反应迟钝，行动迟缓。发病中期表现为呼吸困难，气囊肿大，可视黏膜发绀，饮水量增多，咳嗽等。发病晚期表现为腹泻，消瘦，死亡前可见全身痉挛或抽搐反应，摇头，头向后弯，失衡跌倒，最终死亡。

3. 病理变化 根据感染途径和部位，病变或为局限性，或为全身性。多数情况以肺部病变为主，肺有粟粒大至黄豆大黄白色或灰白色结节，硬度似橡皮样或软骨样，切开有层次，中心为干酪样坏死组织，含大量菌丝体，外层表现类似肉芽组织的炎性反应。气管和气囊也可见到结节以及菌丝体形成的绒球状结构。腹腔、胸腔、肝、肠浆膜等处有时亦可见到霉菌结节病变。

4. 诊断 根据流行病学、临床症状和病理变化可作出初步诊断，确诊需实验室诊断。

①病原镜检。采集病灶部位的霉菌结节或霉菌斑置于载玻片上，加 20%氢氧化钾溶液 1～2 滴，戳破病料，浸泡后加盖玻片轻轻压至透明，镜检菌丝体和孢子。

②病原分离培养。无菌采集肺部和胸部气囊结节，接种于沙氏培养基上，37℃培养 48 小时，长出灰白色绒毛状菌落，有霉味，培养物镜检可见大量的菌丝、顶囊和孢子。

5. 防治

①治疗。将克霉唑和饲料混合饲喂，每百只雏鹅用 1 克，1 周可基本达到治疗效果。所有病死鹅应当及时进行无害化处理，并对圈舍及场地进行消毒灭菌。

②预防。预防本病的主要措施是防止垫料和饲料发霉，特别是夏季更应该注意。及时更换鹅舍的垫料或垫草，防止霉菌滋生。注意通风换气，保持室内干燥，做好孵化场通风管道的清洁和消毒。一旦发病，应立即清除污染源，同时对用具、环境等进行彻底清洁和消毒。还可用制霉菌素防治，剂量为每百只雏鹅一次用 50 万单位，每天 2 次，连用 2 天；硫酸铜（1∶2 000 倍稀释）连用 3～5 天。

四、营养代谢病

（一）硒和维生素 E 缺乏症

1. 病因 该病具有非常明显的区域特征。在我国，有一个从东北到西南贯穿华北的缺硒带，是此病的多发地区。该病可全年发生，但每年的冬末春初属于多发季节。原因可能是在漫长的冬季青绿饲料缺乏和营养物质（如维生素）摄入不足。此外，春季是繁殖鹅产卵和孵化的高峰期，且该病主要影响幼鹅，所以春季会出现多个发病高峰。

2. 症状　一般成年鹅维生素 E 缺乏时不会出现明显症状，产蛋鹅仍持续产蛋，产蛋率正常并未受到影响。雄性鹅睾丸萎缩，性欲下降，精液中精子数量减少，甚至精液中没有精子，导致鹅胚的受精率和孵化率急剧下降，鹅胚常常在孵化过程中死亡，且数量较大。幼鹅缺乏维生素 E 的主要表现：脑软化、渗出性素质和白肌病。

3. 病理变化

①骨骼肌及心肌坏死。骨骼肌颜色较浅，局部灰白或白色变性区，多呈鱼或煮肉状，两侧对称，肩胛、胸、背、腰、髋等肌肉病变最为明显。心肌扩张变薄，心内膜下肌层呈现灰色或黄白色条纹和斑块（虎斑心脏）样病变。

②渗出性素质。当雏鹅发生硒、维生素 E 缺乏时，会导致皮下水肿，雏鹅的渗出性素质部位周围常有点状或条状出血。

③胃肌变性。临床症状明显的雏鹅死后解剖，可见切片呈不同程度的干燥、肌胃坏死、暗沉、无弹性和灰白色坏死，与正常时期的紫红色肌胃切片形成鲜明对比。

④胰腺坏死。雏鹅最敏感的靶器官是胰腺。胰腺体积缩小，宽度变窄，厚度变薄，质地坚硬，颜色灰白暗淡，与正常胰腺相比差距较大。

4. 诊断　根据流行病学特征（年龄、区域、集群），结合临床症状（运动障碍、心力衰竭、渗出性疾病、神经障碍），特征性病理改变（骨骼肌、心肌、肝脏、胃肠道和生殖器官有常见的典型营养不良、脑膜水肿、脑软化）和参考病史可作出疾病的初步诊断。

5. 防治

①预防。青饲料中的维生素 E 含量较高，种子胚芽和植物油中的维生素 E 含量也相对丰富，因此，饲喂雏鹅青饲料和谷物等维生素 E 含量较高的食物可以预防该病。但在日常生活中，维生素 E 很容易被碱破坏，因此在预防这

种疾病的饲料中应添加足够的多种维生素、硒以及含硫氨基酸，并添加抗氧化剂，以确保维生素E不被破坏。

③治疗。发病后，每只鹅每日补充1次维生素E，连续2～3天；每只雏鹅注射0.05%亚硒酸钠溶液1毫升，每千克饲料添加亚硒酸钠0.5毫克，1～2天即可恢复。

（二）维生素A缺乏症

1. 病因 鹅群日常饲料中含有较少的维生素A或者胡萝卜素（即维生素A原），如长时间饲喂干谷、麸皮、米糠等一类缺少维生素A原的饲料则容易导致此病发生。饲料加工后保存方式不合理、饲料加工不合理、长时间贮存和高温曝晒处理等，都会导致饲料中含有的脂肪酸发生变质，促使饲料中富含的维生素A加速氧化分解，从而引起维生素A缺乏。另外，饲料中所含的磷酸盐、硝酸盐以及亚硝酸盐等都可以影响维生素A的代谢，使维生素A加速分解，还可能干扰维生素A原的转化和吸收。

2. 症状 鹅缺乏维生素A的临床症状是嗜睡、食欲不振、生长停滞、消瘦、羽毛疏松、脚掌蜷曲、步态不稳和严重的呼吸困难。

3. 病理变化 成年鹅维生素A缺乏的特点是口腔、咽部和食道脓肿样损伤。白色或灰色尿酸盐沉积常见于肾脏和输尿管，但这种损伤在雏鹅中并不常见。偶尔，病鹅会在心、肝、脾表面沉积尿酸盐。通常，尿酸或类似尿酸盐的沉积物也可在法氏囊增厚的皱褶处发现。当鹅明显缺乏维生素A时，血液中的尿酸会增加8～9倍。

4. 诊断 根据鹅场一天的饲料供应情况，综合分析病历特征、临床症状及病理变化，可作出初步诊断。如果需要进一步诊断，应进行实验室检查，测定鹅血浆和肝脏中的维生素A含量，以确定是否患有维生素A缺乏症。另外，鹅血中的尿酸值显著上升时，若维生素A的实验治疗效果被认可，则成为强有力的诊断依据。

5. 防治

①预防。保证日粮中有充分的维生素A和胡萝卜素，提供更多的青饲料，

如胡萝卜、甘薯和黄色的玉米，必要时增加鱼肝油或维生素A等添加剂。另外，维生素A是一种脂溶性的维生素，容易受到热氧化而破坏，因此在保存时应严格控制温度，防止维生素A霉变。

②治疗。如果发现维生素A缺乏症，应尽快喂食维生素A含量高的饲料。

（三）维生素D和钙磷缺乏症

1. 病因

①在日粮中脂溶性维生素添加量不足或摄入不足。有时虽然日粮供应充足，但鹅因疾病等其他原因导致食欲不佳，也会引起维生素D摄入不足。

②由于特殊生理阶段（产蛋高峰期等）、品种和生产性能的需要，以及营养代谢疾病导致所需营养素增加。鹅的营养代谢疾病可由应激反应、影响消化和吸收的胃肠疾病、寄生虫病和慢性传染病引起。

③营养不平衡。维生素A和维生素D是脂溶性维生素，吸收途径相同，但有一定的颉颃关系。如果两者之间的比例不平衡，饮食搭配不当，就会导致代谢性疾病。

④饲养方式、环境变化以及因饲料长期贮存导致的维生素D氧化，都可能引起维生素D和钙磷缺乏。一些抗营养物质也会改变饲料中原有的营养物质或影响鹅对营养物质的充分利用。因此，在寻找营养缺乏的病因时，既要注意原发性和绝对性的病因，也要注意条件性和相对性的病因。

2. 症状 维生素D缺乏主要影响低日龄雏鹅。最早的症状出现在雏鹅出生10天左右，大多在1个月左右。生病的雏鹅缓慢或停滞增长，体质弱，骨骼发育不良，行动不稳定或无法忍受行走；腿骨脆弱；容易断裂；脚趾容易弯曲。成年鹅维生素D缺乏的主要表现为产蛋量下降，甚至不产蛋，蛋壳变薄等。

3. 病理变化 解剖显示，雏鹅的椎肋与胸肋交界处形成串珠状结节，长骨骨端钙化不良，严重时胫骨变得柔软灵活。成年鹅喙和胸骨变软变脆，肋骨、胸骨和椎骨关节凹陷，肋骨内表面呈球状突起。

4. 诊断 因为这些疾病大多是慢性的，而且多数病例会在较长时间内没有明显的症状，临床上多表现为复杂的多物质代谢紊乱。因此，初步诊断不能基于某项实验室指标或临床症状的变化，必须采用综合诊断的方法。例如，识别特征症状，鹅往往表现为不能站立，不能蹲下和躺下，驱赶时用翅膀爬行。

5. 防治 调配饲料、提供钙磷、补青草、打钙针。合理配制饲料，一般钙磷比例为 2∶1，产蛋期为（5～6）∶1，补饲青草。同时还要防治肠道寄生虫病、肝肾疾病，以免对维生素 D 吸收和转化产生不良影响。

（四）维生素 B_1 缺乏症

1. 病因 原发性维生素 B_1 缺乏症在长期食用缺乏维生素 B_1 的饲料的鹅中很常见。一方面，这些鹅经常食用精制谷物，缺乏麸皮饲料；另一方面，在中性或碱性环境下，加工饲料或长期贮存导致饲料霉变。当鹅在放牧期间以小鱼和小虾等动物饲料为食时，食物中的硫胺酶导致维生素 B_1 分解而引起维生素 B_1 缺乏。病鹅患消化道疾病时，维生素 B_1 吸收和合成能力的降低也会导致维生素 B_1 缺乏。

2. 症状 此病通常发生在雏鹅 2 周龄左右，发病较突然。其特征为抑郁、嗜睡、食欲不振或厌食，羽毛蓬松无序，翅膀下垂，生长缓慢、生长不良，贫血、步态不稳，针刺脚趾等部位无疼痛，两脚呈劈开状。由于翅膀和颈部的伸肌麻痹，鹅头向上向后仰，表现出“观星”的姿势（图 8-18），失去直立站立和坐直的能力，易摔倒。摔倒在地后，也仍然头朝后，腿呈游泳状挣扎。

图 8-18 维生素 B_1 缺乏症

3. 病理变化 在雏鹅中，除了胆囊变为淡黄色和胃肠黏膜出血外，其他器官没有可见的病变。成年病鹅表现为胃肠道炎症、十二指肠溃疡和萎缩、肾上腺肥大、生殖器官萎缩、睾丸比卵巢发病明显、心脏萎缩。

4. 诊断 根据饲养管理情况，结合临床症状和病理解剖学变化进行诊断。

5. 防治 注意饲料搭配，保证维生素 B_1 摄入量充足。不要长时间存放饲料，尽量在 7～10 天内用完。在采食大量鱼虾饲料时，要及时补充维生素 B_1，在每千克饲料内添加盐酸硫胺素 10～20 毫克，连用 1～2 周。或者用复合维生素 B 溶液灌服，每只每次 0.2～0.5 毫升，每天两次。

（五）胆碱缺乏症

1. 病因 在集约化生产中，日粮中能量和脂肪含量较高，鹅饥饿摄取量降低，导致胆碱摄取量不足。叶酸或维生素 B_{12} 缺乏也会导致胆碱缺乏，因为动物对胆碱的需求主要由叶酸和维生素 B_{12} 提供。成年鹅很少缺乏胆碱，但雏鹅胆碱的合成速度不能满足其快速生长发育的需要，因此雏鹅更易发生胆碱缺乏症。

2. 症状 病鹅在胆碱不足时会出现生长缓慢甚至生长停滞，表现为胫骨短。在疾病的早期，有穴位出血和跗关节周围肿大，其次是胫跖关节变平和跖骨变形。如果跖骨进一步扭曲，将变形弯曲，腿部失去支撑，关节软骨严重变形。后期患鹅跛行，严重者瘫痪。成年鹅发病后产蛋量减少，而且由于饲料中脂肪含量高，不易吸收，会发生脂肪肝，如果不及时治疗导致死亡。

3. 病理变化 病鹅尸体解剖时，肝脏肿大、变黄、表面有出血点、质地脆弱（图 8-19）。部分肝膜破裂，严重者出现肝破裂。肝表面和体腔有血块。肾脏和其他器官有脂肪变性。病鹅的关节扭曲、胫骨和跗骨变形、跟腱滑移等。

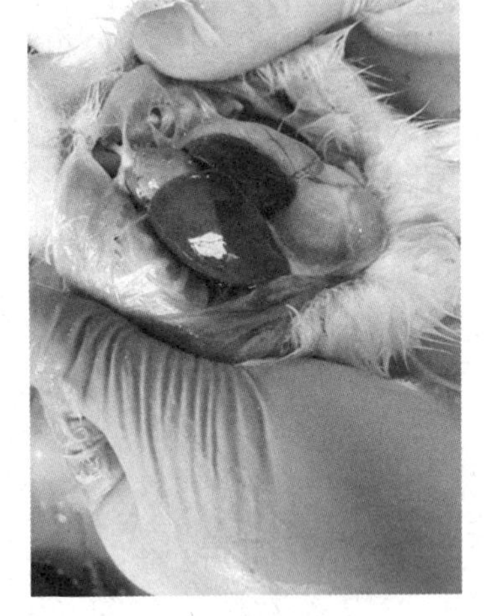

图 8-19 胆碱缺乏症肝脏肿大

4. 诊断 最初的诊断通常基于对饲养管理的调查和饲料胆碱含量的检测，并结合临床症状和病理变化（鹅肝脏和肾脏弥漫性脂肪浸润、胫骨和跖骨发育不全)。

5. 防治 动物性食品如鱼粉、动物肝脏，植物性食品如花生饼、豆粕、菜籽饼等都含有大量的胆碱。为防止维生素 B_{12} 的缺乏，可在饲料中适当添加上述原料，并添加 0.1%的氯化胆碱。

第九章

鹅场生产与经营

一、鹅规模化生产模式

目前，鹅产业中主要包括以肉鹅专业合作社为龙头、以种鹅生产企业为龙头和以鹅产品加工企业为龙头的三种产业链模式，也有将上述模式结合在一起的综合生产模式。

（一）以肉鹅专业合作社为龙头的产业链

该产业链模式主要以合作社为中心，带动养殖户开展规模化、标准化肉鹅养殖。该模式首先由合作社选购鹅苗、饲料、药物等，统一分销给养殖户，再由养殖户通过标准化养殖环节生产出合格肉鹅，提交给合作社统一销售。这一模式的发展需要具备良好的鹅养殖技术和饲养规模基础，以及良好的鹅品种资源和饲料资源。在产业链运作中，主要利用标准化养殖技术和规模优势带动鹅产业的健康发展。

（二）以种鹅生产企业为龙头的产业链

该产业链模式主要以市场占有率较高的优良鹅种为基础，通过扩大种鹅规模和商品鹅标准化生产，为市场提供商品鹅苗和商品肉鹅。产业链一般以“种鹅企业＋种鹅基地（种鹅户）＋商品鹅基地（农户）”或者“种鹅企业＋合作社＋养殖农户”的模式运作。

（三）以鹅产品加工企业为龙头的产业链

在该产业链模式下发展和建设鹅产业，需要有良好的鹅产品加工技术和资金基础，需要掌握鹅产品的商业化运作和营销网络。该产业链的运作主要以“产品加工企业＋种鹅基地＋商品鹅基地（农户）”的模式为主，产品类型则以屠宰加工产品和精深加工产品为主，通过利用鹅产品的加工优势，推动整个鹅产业的健康高效发展。

二、鹅场的生产管理

(一) 生产计划

生产计划是对鹅场年度生产任务的具体安排，其制订应尽可能切合实际。生产计划的制订与实施，可以更好地指导生产、检查进度、了解成效，有利于顺利完成生产任务。

1. 生产计划基本内容 鹅群生产计划根据鹅场生产方向、鹅群的结构、年度生产任务等方面进行制订，是制订出引种、孵化、饲料需要、产品生产、财务收支等计划的基础。

2. 饲料计划的制订 依据鹅群生产计划，计算出各组鹅每月的饲料量，包括精饲料和青绿饲料的需要量。成年鹅青绿饲料的用量按每只每天0.5～1.0千克计算。补饲饲料量可参见表9-1：

表9-1 鹅各生长阶段的补饲饲料量

阶段划分	时期	补饲全价配合饲料	补饲谷物等粗饲料
种鹅育雏期	0～42天	2千克/只	2千克/只
种鹅育成期	43～190天		0.1千克/（只·日）
种鹅产蛋期	191天至产蛋期结束	0.10～0.15千克/（只·日）	0.1千克/（只·日）
种鹅休产期			0.1千克/（只·日）
商品代肉鹅	从出壳至上市	1.0～1.5千克/只	3～4千克/只

3. 产品生产计划的制订（表9-2）

表9-2 产品生产计划的制订

鹅场	产品类型	产品生产计划
种鹅场	主产品：种蛋、鹅苗 副产品：无精蛋、鹅粪等 联产品：羽绒（毛）、淘汰鹅	根据月平均饲养产蛋母鹅数和历年生产水平，按月计划产蛋率和产重数

（续）

鹅场	产品类型	产品生产计划
肉鹅场	主产品：商品肉鹅 副产品：淘汰鹅、鹅粪等	根据肉用仔鹅数量和平均活重进行编制，将副产品也纳入计划范围

4. 财务计划的制订 财务计划包括收入和支出。

收入：包括主产品、联产品、副产品和其他收入。

支出：包括鹅苗、饲料、各类物资、工资和附加工资、交通运输、房舍维修与固定资产的折旧、管理费和利息等。

（二）劳动管理

劳动管理的基本原则是分工明确，相互配合，场长责任制。主要包括以下几方面：

①行政管理。负责整个养鹅场的管理和后勤保障，如制订鹅场各种计划和技术措施。

②生产管理。负责鹅场的生产计划和饲养管理。

③销售经营。负责产品（种蛋、鹅苗、商品鹅及相关副产品）的销售。

（三）成本管理

生产成本是生产设备利用程度、饲养管理水平、劳动组织配合度、生产潜能发挥程度的直接体现。应通过成本管理，最大限度降低生产成本，提高市场竞争力。

（1）鹅场生产成本包括固定成本和可变成本。

①固定成本。固定资产，如鹅舍、饲养设备、屠宰加工设备、交通工具、生活设施等，以折旧的形式，与土地租金、贷款利息和管理费用等一起构成固定成本。

②可变成本。也称流动资金，是在生产和流通过程中使用的资金，如饲料、兽药、燃料、垫料、雏鹅等成本。流动资金随生产规模和产品产量等的变化而变化。

（2）鹅场成本管理措施。

①进行成本预测。通过预测商品肉鹅、商品鹅苗的价格、品种、销售渠道、产品流向等，并结合企业内在因素，预测一定时期内的成本目标。

②制订成本计划。根据外部经营环境情况，全面平衡企业内部产、供、销的成本资金划分，拟定降低成本的具体措施。

③实施成本控制。以降低成本为目标，及时发现和改进价格、品种来平衡企业内部产业，改进生产中低效高耗现象，促进实际成本达到目标和计划。

④加强成本监督。准确及时地核算产品成本，加强成本分析和考核工作，确保成本计划和成本目标的实现。

三、鹅场的经营管理

（一）鹅场规模化经营要领

1. 避免盲目投资 正确把握市场动态，在市场调查的基础上，对产品发展趋势做出正确估计。

2. 确定投资重点 企业应重点关注种鹅基地建设，虽然种鹅投资成本较高，却是产业发展的核心。

3. 注重与其他项目结合 例如：鹅、鱼综合生产模式；种养结合生产模式。

4. 树立风险意识 包括技术风险，如种鹅繁殖率问题、饲养管理技术问题等；疫病风险；市场波动性风险；经营风险。

5. 注重配套体系建设 包括市场销售体系，种鹅生产体系，技术保障体系，利益共存体系等。

6. 切忌顾此失彼 要重视产、供、销等各环节，并做好应急预案。

（二）鹅场生产经营责任制

鹅场应根据自身组织管理、人员配置、岗位职责和定额管理等方面的特点，在遵守国家有关法律法规的基础上，制订符合自身的以责任制为核心的经营管理制度。包括：

①岗位职责。详细规定各类人员的岗位职责，作为考核依据。

②考勤制度。登记员工迟到、早退、旷工、休假等出勤情况，作为发放工资、奖金的重要依据。

③劳动纪律。根据不同岗位的劳动特点，制订详细的奖惩办法。

④饲养管理制度。根据鹅场生产环节的要求，制订技术操作规程，要求职工共同遵守，做到人、鹅群固定。

⑤医疗卫生制度。定期进行职业病检查，及时治疗患者，并按规定支付治疗及保健费用。

⑥学习制度。定期组织员工交流经验或派出学习，以提高员工的技术水平。

（三）鹅场兽医管理制度

①药品管理。药品采购须提出申请，药品应分类存放，剧毒和激素类药品由专人保管，做好药品领用记录。

②器械管理。进、出库应登记，账物须相符，设立领用清单等。

③日常工作。建立鹅群病例卡，完成疾病统计周报表和周药耗表，每天至少巡栏一次，及时诊断治疗，及时填写病例卡。

④疾病预防。技术副场长负责全场兽医保健工作和各种鹅群疾病的预防工作。

⑤汇报制度。兽医每周向技术副场长汇报岗位工作，重大情况应随时汇报。

（四）鹅场的财务管理

1. 库存现金管理　保证资金安全，严格和妥善保管金库钥匙和密码。

2. 成本定额管理　成本定额管理是鹅场财务管理和节约开支的根本，是鹅群饲养成本与各项费用定额的总和。各项费用定额可参照历年实际费用、当年生产条件和生产计划来确定。

3. 财务收支管理 严格各项支出、收入的凭证管理，严格执行相关财务规定。

4. 资金安全管理 建立鹅场资金安全保障制度，包括审批授权制度、复核制度、授信制度、结算制度、盘点制度以及其他相关制度等。

5. 银行存款管理 每个银行账号都应有一本银行存款明细账，出纳员应及时入账并核对账目。

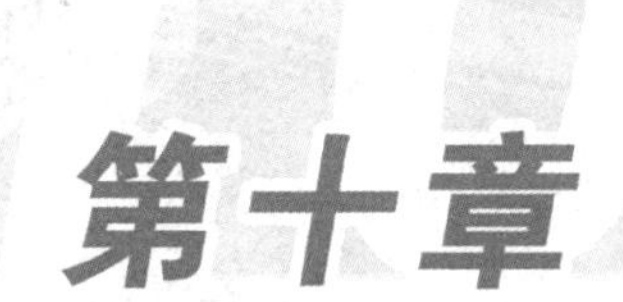

第十章 鹅的屠宰及贮藏

一、卫生要求

（一）原辅料的卫生要求

1. 屠宰前 活鹅屠宰前要进行严格的检疫，剔除有传染病和不适合屠宰的鹅。

2. 屠宰后 严格宰后卫生检验，包括胴体检查和内脏检验，观察体表的颜色和皮下血管的充盈程度，以判断放血是否良好；检查体腔和脏器有无病理变化，是否有肿瘤及寄生虫；检查眼、口、鼻有无病理变化。根据疫病检验结果，并按照有关法律法规对宰后胴体及脏器进行处理，用于深加工和精加工的鹅胴体，必须经兽医卫生检验合格且符合产品要求。

3. 加工辅料 加工鹅制品使用的辅料必须符合相关食品安全标准。

（二）加工厂区、车间的卫生要求

1. 加工厂区

①厂内应设有原料间、辅料间、屠宰间、产品加工车间、成品间、包装车间、机修车间、更衣室、卫生间及污水垃圾处理场等。熟肉制品的加工车间应单独设立。

②厂内各车间应按照产品加工工艺流程合理布局，既要便于生产管理，又要避免原料、半成品和成品之间交叉污染；应分别将原材料车间及成品车间设置出入口。

③厂区内应适当绿化。

④污水垃圾处理场应与生产场地保持一定距离，排放水应符合环保部门的规定。

2. 加工车间

①车间地面、墙面及顶棚等应采用不透水材料，便于水洗，特别是生产车

间。地面用水泥纹砖或水磨石铺满。地面与墙面、墙面与墙面的交接处应采用圆弧结构。

②车间建筑应能防尘、防蝇、防鼠。门窗应安装纱窗和纱门。地沟应严密加盖，下水道口应有地漏和铁箅子。

③通风采光良好，窗户与地面面积的比例约为1∶5。生产车间最好采用全封闭式空气过滤，强力通风。

④生产车间内应有足够的洗手装置，且采用脚踏式开关。车间门口设有鞋消毒池。

（三）设备和用具的卫生要求

加工设备和用具应与生产规模相适应，便于清洗、消毒和检修。

设备和用具要经常清洁并定期消毒，与肉品直接接触的备用器具表面应平整、耐腐和无毒，不得影响产品的色泽、风味和营养成分。通常使用不锈钢设备及器具，也可使用铝合金、搪瓷、玻璃、无毒塑料等制品。

（四）从业人员的卫生要求

（1）从业人员应经过严格培训，受过良好的职业教育，认真学习食品安全法，掌握相关的食品卫生安全知识，自觉遵守卫生制度，养成良好的卫生习惯。

（2）从业人员要勤剪指甲、勤理发、勤洗头、勤洗澡、勤换衣服。上班穿工作服，佩戴工作帽和口罩。操作期间严禁掏耳垢、擤鼻涕、搔痒、随地吐痰、抽烟等。不得在车间进食。女从业人员不能戴首饰、涂抹胭脂口红等。

（3）从业人员应每年进行一次体检，凡患有化脓性或渗出性皮肤病、病毒性肝炎、活动性肺结核、伤寒和胃肠道传染病，以及其他有碍食品卫生的患病者，都不得参与接触食品的工作。

二、鹅的屠宰加工

鹅的屠宰加工包括以下几个方面：

1. 活鹅的选择与检验 待屠宰的活鹅必须由兽医卫生检疫人员严格检疫，保证检验合格后方可采购或屠宰，必要时还应该对每批鹅抽样剖检。

①外观检查。体表色泽及完整性，是否有寄生虫等异常情况，眼睑、鼻腔、口腔、咽喉等是否充血、出血、溃疡。

②体腔检查。体腔内部清洁完整程度，是否有赘生物、寄生虫及传染病的病变，体腔内壁是否有凝血块，是否有粪污和胆汁污染。

③内脏检查。喉、气管、气囊、肺、肾、腺胃、肌胃、肠道、肝、脾、心、法氏囊等器官是否正常。

2. 宰前饲养管理 鹅分群饲养，休息1～2天，给予充分清洁的饮用水。在屠宰前12～24小时停止进食，至宰前3小时只给予充分饮水。每3～4小时清扫一次粪便，并缓缓轰赶鹅群，促进其排便。

3. 麻电、宰杀 麻电时电压应小于70伏，电流应小于0.75安，麻电时间约为3秒。麻电后的宰杀放血可以使用颈部宰杀法或口腔刺杀法。

（1）颈部宰杀法。从靠近鹅头的颈部下方，第一颈椎与头骨相连的骨缝处进刀，切断颈部的血管、气管和食管，以达到放血的目的，又称为切断三管法。

（2）口腔刺杀法。鹅的头部向下后斜固定，将小刀伸入口腔，至颈部第二颈椎处，切断静脉与桥静脉联合处，然后轻轻拉出刀尖，在上颌裂缝中央、眼的内侧斜刺延脑，破坏神经中枢，促进早死，也使羽毛易于拔脱。为了便于放血，鹅舌应拧出口外，嵌在嘴角外，以便于血流畅通，并避免呛血。

4. 烫毛 浸烫鹅毛的水温约为70℃。具体水温应根据鹅的年龄、嫩度和气候情况灵活控制。浸烫时间30秒至1分钟，当鹅头部及腹部的羽毛容易拔出时即可进行煺羽。烫毛要点：

①烫毛机要待鹅完全停止呼吸并死透后才能开始浸烫，否则会使其皮肤发红，造成次品。

②要在鹅体温没有完全散失的情况下进行浸烫，否则鹅体冷却、毛孔收缩，从而影响煺羽。

③要掌握好浸烫的水温和时间。如果水温过高，时间太长，煺羽时容易破皮，造成白条鹅品质下降；如果水温过低，时间过短，则会导致烫得不够，拔羽困难。

5. 煺羽、浸蜡、脱蜡、去残毛 浸烫后应立即将鹅体放入煺羽机内煺羽，并通过橡胶辊的高度运转揉搓将羽打掉。然后将煺毛专用石蜡加热熔化，鹅体浸入其中，再取出浸入冷水中，使鹅皮上的蜡液凝固成胶膜，当表面不发黏时取出，将胶膜剥下，粘除绒毛和细毛。最后，人工检查并去除残毛和毛管。

6. 净膛、冷却 将光鹅的内脏去除，成为胴体白条鹅的过程，即为净膛。净膛后，通过螺旋式冷却机对白条鹅胴体进行预冷。常见的净膛方法有三种：

①肛门开口法。在肛门四周开口（不切开腹壁），剥离直肠，将除肺脏以外的内脏全部拉出。一般正规的工厂用此法。

②腹部开口法。从胸骨至肛门的正中线切开腹腔，扒开胸腔，把内脏全部取出。一般家庭宰杀应用此法。

③翅下开口法。在右翅下方开 5～8 厘米的月牙形切口，折断开口处的两根肋骨，取出全部内脏。

7. 产品整理及分割 经过屠宰加工，得到白条鹅、内脏、血和毛等，根据产品的用途分别进行收集整理。对白条鹅胴体，应悬挂沥干，然后根据加工目的包装。比如经分级、整形、冷却、冷冻，加工成白条鹅，或按部位进行分割，并分别包装，制成分割鹅肉。

三、鹅肉的冷加工与贮藏

1. 冷却 冷却是指将鹅肉深层的温度迅速降低到－4～0℃的过程，目的是尽快降低鹅肉的温度。

冷却方法是将温度控制在－3～－1℃，相对湿度控制在90%～95%，空气流速控制在1.0～1.5米/秒。

2. 冻结 冻结指将鹅肉的中心温度降低到－15℃以下，将肉中的水分全部或部分冻结的过程，目的是让鹅肉能够长期保存。

冻结的方法是将温度控制在－25～－23℃，相对湿度控制在90%左右，风速控制在2米/秒，冻结约18小时。

3. 冻藏 冻藏是指冻结肉的冷藏，一般将冻结好的鹅肉堆放在低温库房内。冻藏的方法是将低温库房温度控制在－18℃，相对湿度大于95%，空气自然循环，白条鹅一般可保存8～12个月。

鹅肉的堆放方式应根据品种、等级、内销、外销等情况分批、分垛位堆放，堆放应牢固、整齐、安全。垛与垛之间应保持一定距离，垛与天花板之间、垛与冷排管之间也应有一定距离。堆垛过程中，无论是否有包装，垛底都应使用垫料，不能与地面直接接触，最好使用方形木垫，使垛离地面约30厘米，以便于通风。

4. 解冻 解冻是指将冻结的鹅肉内冰晶状态的水转变为液态，同时恢复鹅肉原有状态和特性的工艺过程，目的是使肉的中心温度回升到－3～－2℃。解冻的方法一般为空气解冻和水解冻。

①空气自然解冻。将鹅悬挂或摊放在有衬垫物的地面上，利用自然空气温度解冻。这种解冻方法可降低肉质的流失，但解冻时间较长。如在空气温度为3～5℃、相对湿度为90%～92%的室内，使白条鹅肉温从－15℃上升到－2℃，需要约2天时间；空气温度为15℃时，解冻时间则需要约10小时。

②空气快速解冻。一般使用排风扇向悬挂或摊放冻肉的房间强烈吹风，加速空气流动，使冻鹅肉快速解冻。此种方法虽然解冻时间短，但干耗较大。

③水解冻。将冻鹅肉浸在水池中，或用流水冲洗，此种方法可以促进鹅肉解冻，干耗也少，但肉的水溶性物质损失较多，使鹅肉颜色淡白，影响风味。

主要参考文献

刁有祥，2015. 彩色图解科学养鹅技术［M］. 北京：化学工业出版社.

段修军，2013. 养鹅日常管理应急技巧［M］. 北京：中国农业出版社.

方仁东，雷桂花，杜慧慧，等，2016. 多杀性巴氏杆菌毒素的研究进展［J］. 中国兽医学报，36（11）：1990－1996.

付志发，刘鹏，梁宏志，2008. 鹅绦虫病的诊治［J］. 黑龙江畜牧兽医（11）：116.

葛卫东，2021. 鹅球虫病的预防与治疗［J］. 今日畜牧兽医，37（10）：96.

郭宝军，2017. 浅述鹅绦虫病的诊断与防治［J］. 现代畜牧科技（07）：130.

国家畜禽遗传资源委员会，2011. 中国畜禽遗传资源志：家禽志［M］. 北京：中国农业出版社.

黄家强，任发政，雷新根，等，2021. 禽类硒蛋白基因组与营养代谢病相关性研究进展［J］. 动物营养学报，33（07）：3601－3607.

金海林，赵权，2012. 鹅沙门菌病的诊断与防治［J］. 中国兽医杂志，48（02）：87－88.

李顺才，2014. 高效养鹅［M］. 北京：机械工业出版社.

李鑫，邹跃，王志强，2021. 鹅大肠杆菌病的临床诊断及防治［J］. 现代畜牧科技（06）：76－77.

刘健，李娟，2019. 鹅规模化养殖技术图册［M］. 郑州：河南科学技术出版社.

刘立文，2013. 规模化生态养鹅技术［M］. 北京：中国农业大学出版社.

潘武灿，2016. 鹅软脚病的防治［J］. 当代畜牧（26）：44.

乔海云，张鹤平，2016. 生态高效养鹅实用技术［M］. 北京：化学工业出版社.

司玉亭，张立恒，杨朋坤，等，2021. 霉菌及其毒素对鹅的危害及防控［J］. 现代牧业，5（02）：17－21.

汪志铮，2019. 鹅高效饲养与产品加工一本通［M］. 北京：机械工业出版社.

王连英，2009. 鹅绦虫病的治疗 [J]. 黑龙江畜牧兽医 (14)：91.

杨永胜，陈研，薛亚飞，等，2020. 4 株鹅源鸭疫里默氏杆菌生物学特性分析 [J]. 中国动物传染病学报，28 (05)：62 - 66.

尹媛媛，何芳，赵光夫，等，2021. 多杀性巴氏杆菌主要毒力因子研究进展 [J]. 中国兽医学报，41 (06)：1210 - 1218.

张玲，王健，2018. 鹅高效健康养殖技术问答 [M]. 北京：化学工业出版社.

张晓建，魏刚才，2016. 实用高效养鹅法 [M]. 北京：化学工业出版社.

赵思国，章国忠，2019. 一起鹅顽固性鸭疫里默氏杆菌感染的治疗体会 [J]. 中兽医医药杂志，38 (05)：83 - 84.

图书在版编目（CIP）数据

鹅健康养殖实用技术 / 李海英，苏战强主编 . —北京：中国农业出版社，2022.11
全国农民教育培训规划教材
ISBN 978 - 7 - 109 - 30364 - 5

Ⅰ.①鹅… Ⅱ.①李… ②苏… Ⅲ.①鹅—饲养管理—技术培训—教材 Ⅳ.①S835.4

中国国家版本馆 CIP 数据核字（2023）第 006697 号

中国农业出版社出版
地址：北京市朝阳区麦子店街 18 号楼
邮编：100125
责任编辑：高宝祯
版式设计：杜 然　　责任校对：吴丽婷
印刷：北京通州皇家印刷厂
版次：2022 年 11 月第 1 版
印次：2022 年 11 月北京第 1 次印刷
发行：新华书店北京发行所
开本：720mm×960mm　1/16
印张：8.25　　插页：2
字数：125 千字
定价：26.50 元
